사계절 내내 즐기는
과일 디저트

사계절 내내 즐기는 과일 디저트

초판 인쇄일 2016년 3월 15일
초판 발행일 2016년 3월 22일
지은이 고지마 루미
번역자 박혜지
감수자 임은지
발행인 박정모
등록번호 제9-295호
발행처 도서출판 헤지원
주소 (10881) 경기도 파주시 회동길 445-4(문발동 638) 302호
전화 031)955-9221~5   팩스 031)955-9220
홈페이지 www.hyejiwon.co.kr   블로그 blog.naver.com/hyejiwon9221
페이스북 www.facebook.com/hyejiwon9221

기획 송유선   진행 박혜지
본문디자인 주기선, 김보라
표지디자인 김성혜
영업마케팅 김남권, 황대일, 서지영
ISBN 978-89-8379-885-5
정가 13,000원

KOJIMA RUMI NO FRUITS NO OKASHI by Rumi Kojima
Copyright © Rumi Kojima 2014
All rihgts reserved.
Original Japanese edition published in Japan by Shibata Publishing Co., Ltd., Tokyo.
This Korean edition is published by arrangement with Shibata Publishing Co., Ltd., Tokyo
in care of Tuttle-Mori Agency, Inc., Tokyo through Danny Hong Agency, Seoul.
Korean translation rights © 2016 by Hyejiwon Publishing Co.

이 도서의 국립중앙도서관 출판예정도서목록(CIP)은 서지정보유통지원시스템 홈페이지(http://seoji.nl.go.kr)와
국가자료공동목록시스템(http://www.nl.go.kr/kolisnet)에서 이용하실 수 있습니다.(CIP제어번호: CIP2016003908)

사계절 내내 즐기는
과일 디저트
혜지원

머리말

과자 만드는 일을 시작한 이래로 계속 과일과 함께 지내고 있습니다.

오븐 미튼(필자의 가게)에서는 계절에 따라 여름에는 플럼(서양 자두)이나 루바브(주로 줄기를 사용해서 파이나 디저트에 사용한다), 가을의 홍옥 사과, 겨울의 금귤이나 감귤류 등을 이용해서 여러 가지 과자나 잼을 만듭니다. 주방에 과일의 향기가 가득해지면 새삼스레 계절의 변화까지 느낄 수 있어서 매우 행복해집니다. 신선한 과일에 열을 가하거나 혹은 여러 가지 재료와 조합하다보면 감동을 불러일으키는 새로운 맛이 탄생하기도 합니다.

오븐 미튼에서 만드는 과자의 기본 재료는 밀가루, 설탕, 버터, 계란입니다. 그 다음으로 우선시하는 재료가 과일인데 그 정도로 과일은 이 책에서 아주 중요한 역할을 맡고 있습니다. 특히 저는 가공품이 아니라 가능한 한 천연의 재료, 즉 자연적인 본래의 재료를 사용하는 것이 과일을 이용해서 만드는 디저트의 그 특별한 맛과 이어진다고 생각합니다. 그렇기 때문에 이 책에서 과일은 매우 중요하고 가장 핵심이 되는 재료입니다.

"일본의 과일은 즙이 많고 달다. 그렇지만 너무 수분이 많아서 신맛이나 맛의 응축감이 부족하다."라는 소리를 자주 듣습니다. 확실히 유럽의 과일과 비교해보면 제빵사인 저도 매번 그렇게 느낍니다. 그러나 다르게 생각해보면 오히려 일본의 과일은 신선하고 생기가 있어 고급스러우면서도 꽤 섬세한 맛을 가지고 있습니다. 그것을 역으로 재료의 강점으로 바꾸어서 가열 방법이나 그 과일에 어울리는 반죽을 만들고, 거기에 신맛이나 향을 보충하는 요령을 잘 잡는다면 일본산 과일이야말로 특별하고 맛있는 과자를 만들어 낼 것입니다. 그것이 일본에서 파티쉐를 하고 있는 저의 사명이라고 믿고 있습니다.

과일과 오랜 시간 함께하고 어떻게 하면 과일의 맛을 그대로 살릴 수 있을까하며 고민해 왔습니다. 다양한 시도 끝에 각 과일에 알맞는 디저트를 만드는 법칙들을 모아서 한데 정리해 놓은 것이 바로 이 책입니다. 제철 과일의 가장 맛있는 시기를 연구하고 고민하면서 꾸준히 1년에 걸쳐서 촬영하고 제작했습니다. 이 책에는 그동안 오븐 미튼에서 꾸준히 만들고 지속적으로 잘 팔리는 메뉴들은 물론, 더 나아가 새롭게 선보이는 메뉴나 그동안 알려드리지 못했던 메뉴들의 레시피들을 이번 기회를 통해서 한꺼번에 보여드릴 수 있게 돼서 일부러 더 신경 써서 만들었습니다. 이 책에 있는 모든 디저트 하나하나 시중에서 판매하는 다른 과자나 케이크에 절대 뒤처지지 않는다고 자부하면서 자신 있게 선보이는 작품들입니다.

사계절 내내 다른 종류의 과일들을 사용해서 과자나 잼 만들기에 꼭 도전해 보십시오. 그리고 독자 여러분들이 좋아하는 과일의 색다른 맛을 맛볼 수 있게 되길 바랍니다.

2014년 9월 고지마 루미

CONTENTS

Staff(원서『小嶋ルミのフルーツのお菓子』)
촬영 : Haruko Amagata, Yukari Nagase (P.64~67)
아트 디렉션 : Youhei Okamoto
디자인 : Miyuki Shimada (Okamoto 디자인실)
요리 어시스턴트 : Sachiko Kamoi, Naori Yamashita
편집 : Keiko Ikemoto

03

사계절 내내
제철 과일을
맛볼 수 있는 디저트

여름을 위한 음료, 주스,
샤베트나 스무디 등 각 종류

기구와 재료에 관해서

1. 냄비

스테인리스제로 만든 평평한 냄비를 추천합니다. 이 책에서는 WMF회사 제품의 스테인리스 평평한 냄비를 (P.16 참고)를 사용했습니다. 얇은 재질의 평평한 냄비는 재료를 졸일 때 잼의 표면적이 넓어져서 졸이는 시간이 빠르고, 잼이 신선한 상태로 그대로 완성됩니다. 뚜껑이 완전히 닫히고 밑바닥이 두꺼워서 열을 축적하는 축열성이 높아서 잼 만들기에 가장 적합합니다.

2. 제스터(제스트 전용기)

제스트(감귤 류의 껍질을 갈아서 잘게 하다)를 만들 때 빠질 수 없는 필수품입니다(P.16 참고). 간단하면서도 최대한 얇게 재료의 손실 없이 제스트를 만들어 낼 수 있습니다.
과자나 잼에 제스트를 넣어서 강한 향으로 완성할 수 있습니다.

3. 실리콘 주걱

내열성이 강한 실리콘 수지 제품으로 자루와 주걱 부분이 하나로 되어 있는 것을 추천합니다. 적당하게 휘어지는 것이 좋습니다.

4. 전자저울

1g 단위로 정확하게 계량할 수 있는 전자저울은 과자 만드는 데에 빠질 수 없는 중요한 기구입니다. 0.1g 단위까지 잴 수 있는 것이 있는데 그것을 추천합니다.

5. 키친 타이머

잼을 졸일 때, 계란을 거품을 낼 때, 시간을 잴 때, 섞을 때의 속도(1초 동안 볼을 한 번 섞는 정도) 등을 측정할 때 빠질 수 없는 도구입니다.

6. 볼

속 안이 넓어서 비교적 깊이가 있는 스테인리스 볼이 사용하기 쉽습니다. 사진은 지름 21cm, 깊이 11cm입니다. 크고 작은 사이즈를 준비해 놓으면 작업하기 편리합니다.

7. 손 거품기, 빵솔

메인으로 사용하는 손 거품기는 28~30cm로 이보다 작은 사이즈가 있어도 편리합니다. 빵솔은 다 구워진 반죽에 시럽을 바르거나 마무리로 잼을 바를 때 아니면 남은 밀가루를 털어낼 때 사용합니다.
솔이 빠지지 않는 품질이 좋은 걸로 구해서 사용합시다.

8. 전자 온도계

재료나 작업 도중의 반죽 온도는 과자를 완성하는 데에 있어서 큰 영향을 끼칩니다.
적외선으로 하는 방사온도계는 재료에 직접 갖다 대지 않고도 재료의 온도를 빠르게 측정할 수 있습니다.

9. 핸드믹서

핸드믹서는 파나소닉 제품을 추천합니다. 날개 끝이 오므라져 있는 형태나 세밀한 와이어가 있는 것은 사용하지 않습니다.

10. 스크래퍼, 스패출러

스크래퍼는 딱딱한 타입 또는 휘어짐이 있는 부드러운 타입과 양쪽으로 사용할 수 있는 것이 편리합니다. 평평한 부분으로 반죽을 다지고 자르는 부분으로는 반죽을 섞거나 묻어있는 밀가루를 털 때 사용합니다. 스패출러는 크림을 바르거나 정리할 때 사용하는 필수품으로 손잡이와 자루 면이 일자로 되어있는 형태나 휘어져 있는 L자 형태가 사용하기 편리합니다.

11. 체

밀가루 체는 망이 두 종류가 있는데 망이 촘촘한 것과 망이 거친 것이 있습니다. 촘촘한 것으로는 박력분이나 슈가 파우더를 거친 것으로는 아몬드 파우더를 내립니다.

12. 유산지, 테프론 시트지

유산지는 구워낸 반죽이 들러붙는 타입의 제과 용지입니다. 테프론 시트는 표면을 가공해놨기 때문에 서로 떨어지려는 경향이 강해서 슥 하고 벗겨집니다. 용도에 따라서 다르게 사용합니다.

13. 그래뉴당

잼이나 콩포트, 설탕 조림, 시럽 등을 만들 때에는 보통의 그래뉴당을 사용하고 그 외의 과자나 반죽을 만들 때에는 반드시 '입자가 세밀한' 타입을 사용해 주십시오. 중탕으로 녹일 경우는 입자가 세밀한 것이 아니어도 상관없습니다.

※ 이 책에 게재되어 있는 기구, 재료는 일본 내에서 일반적으로 판매하고 있는 것이기 때문에 한국 내에서 판매하는 것과는 그 성질이나 맛이 다를 수 있습니다. 특히 그래뉴당, 박력분, 생크림, 버터, 아몬드 파우더, 초콜릿은 한국에서 사용하는 것과 다를 수 있어서 완성된 디저트의 맛이나 식감 그리고 빵을 만드는 과정에서의 반죽의 발효 등에도 차이가 날 수 있음을 미리 알려드리니 유의하십시오.

14. 박력분

닛신 제품의 '바이올렛'을 사용합니다.
일본산 밀가루는 풍미와 맛, 부풀어 오
름이 다릅니다.

15. 판 젤라틴

에바르토 실바를 사용합니다. 다루는
방법은 P.55 참고. 다른 젤라틴과는
굳히는 방법이 다릅니다.

16. 생크림

생크림은 전부 유지방으로 45%인 것
을 사용합니다. 식물성이나 저지방유
는 사용하지 않습니다.

17. 버터

버터는 무염을 사용합니다. 발효 버터
는 상세정보가 제품에 적혀 있습니다.
참고하십시오.

18. 아몬드 파우더

아망 푸드사에서 나온 미국산 카멜 아
몬드 종류를 사용합니다.

19. 바닐라빈, 스파이스 종류

바닐라빈은 깊은 향기로 특정한 향이
없는 마다가스카르 산을 사용합니다.
스파이스로는 시나몬(가루 또는 스틱),
클로브(가루, 전부), 진저(가루) 넛맥(전
부)등을 준비해 두면은 편리합니다.

20. 초콜릿

커버춰라고 불리는 제과용 초콜릿을
사용합니다. 60% 다크 초콜릿과 밀크
초콜릿를 사용합니다.

과일을 사용해서
과자 만드는 방법

손쉽게 얻을 수 있는 과일을 사용합니다.

이제 막 나온 제철 과일에 이길 수 있는 맛은 없습니다. 오래되어서 시들어 버린 과일이나 건조해서 맛이 이미 날아가 버린 과일을 이용해서 잼이나 과자로 만들게 되면 본래 과일의 맛을 살려내기 힘듭니다. 과일이 가장 맛있는 시기에 어떻게 하면 이 과일과 어울리는 과자를 만들 수 있을지 고민하고, 그 과일에 가장 잘 맞는 방법을 선택해서 만들어봅시다.

이 책에서는 냉장식품도 아니고 가능한 한 신선한 과일을 그대로 사용하고 있습니다. 여기서 사용한 과일은 고급 과일이 아니라 우리 주변에 있는 슈퍼마켓이나 마트에서 손쉽게 구할 수 있는 것들입니다. 혹시 화학약품이 신경 쓰인다면 무농약으로 키운 유기농 과일이나 저농약으로 키운 과일이나 또는 과일을 닦는 왁스를 사용하지 않는 것으로 구해서 사용하도록 합시다.

가장 중요한 것은 '오감을 일깨우는 것'

과일을 사용해서 과자 만드는 방법, 그것은 바로 '오감을 일깨우는 것'입니다.

먼저 과일을 입으로 한입 베어 봅시다. 단맛과 신맛, 과육의 부드러움, 강한 향기 등 이 과일의 특징을 알아내는 것이 가장 먼저 해야 할 일입니다. 과일은 각각마다 가지고 있는 차이가 있습니다. 어떻게 해야 이 과일의 맛을 그대로 살려낼 수 있을까 하는 고민의 답은 요리하는 센스와 과자를 많이 만들어 본 경험으로부터 나옵니다. 과일을 잘 이용하기 위해서는 과일을 조리하는 과정에서 냄비 안의 과일이 어떻게 변해 가는지 잘 관찰하고 또 변화 되어 가는 과일의 향기에도 주의를 기울여 봅시다.

예를 들면 귤 잼(P.19)은 냄비에 곱게 갈은 귤과 설탕을 같이 끓여내는데 끓이다가 어느 순간에 과일의 퓌레 표면이 반들반들하게 빛나면 마치 귤이 '불을 꺼야 되는 타이밍은 지금이야!' 라고 알려주는 것만 같습니다. 만약 그것보다 조금이라도 빨리 불을 꺼버리면 귤과 설탕이 하나로 어우러지지 않고, 반대로 너무 끓여버리면 설탕의 맛이 너무 많이 스며들어서 귤의 풍미를 잃어버리고 맙니다. 이렇게 과일이 알려주는 타이밍과 과일이 변해가는 모양을 관찰해 나가다보면 과일을 메인으로 하는 과자나 잼을 손쉽게 만들 수 있습니다.

레몬즙과 제스트의 역할

가장 마지막에 맛을 결정짓는 것이 바로 레몬즙과 제스트(P.16)입니다. 플럼(서양 자두)이나 재료 자체에 신맛을 가지고 있는 과일은 신맛을 더 살려주지만 신맛이 적은 과일에는 레몬즙을 보충해야 합니다. 제스트는 과자의 풍미를 더하기 위해서 빼놓을 수 없는 중요한 것입니다. 짜낸 레몬즙과 벗겨내고 남은 껍질도 제스트용으로 냉동시킨 다음 사용해도 껍질을 생으로 쓰는 것만큼 부담없이 사용할 수 있어서 편리합니다. 너무 많이 사용하면 과자의 맛을 망치지만 적당한 레몬즙과 제스트를 사용하는 것으로 맛이 입체적이 되고 과일 본래의 향기가 더 살아나면서 맛도 점점 세련되어지는 것을 느낄 수 있습니다.

맛을 더 내려고 할 때는
가능한 한 자연 그대로의 것을 사용할 것

부드러운 맛의 과일을 사용할 때 예를 들면 서양배나 무화과, 사과 등을 사용할 때에는 스파이스나 허브, 양주를 더하면 됩니다. 이 경우에도 가능한 한 천연의 재료를 사용하도록 합니다. 그런데 과일에 화학 조미료나 산미료를 더할 경우 오히려 자연적으로 맛있는 과일의 맛을 잃어버리게 됩니다.

과일의 다채로운 풍미, 각각의 맛을 즐깁시다.

과일을 사용하는 방법이나 조리법에 따라서 과일마다 각기 다른 색다른 풍미를 낼 수 있습니다. 신선한 것을 그대로 사용하는 방법, 살짝 불에 익히는 방법, 확실히 과즙을 졸여서 끓여내는 것, 반죽과 함께 확실히 구워내는 것 등 각각 다른 맛을 즐기면서 과일과 좀 더 친해져 보는 것도 좋습니다.

---

* 레시피에서의 과일 양은 디저트에 사용하는 부분의 양을 표시하고 있습니다. 예를 들면 '사과 500g(껍질과 씨는 제거한다)'의 경우, 껍질은 벗기고 중앙의 씨와 씨 주변을 제거하고 남은 부분의 중량을 표시합니다.

* 감귤류의 경우 '겉껍질', '속껍질', '안쪽의 하얀 속껍질로 나누어서 표기했습니다.
가장 바깥쪽을 감싸고 있는 주황색의 겉껍질이 있고, 특히 껍질의 표면만 사용할 경우에는 껍질 안쪽의 속껍질, 그리고 주황색의 표피만 얇게 썰어낸 것을 '제스트(P.16)'라고 합니다. 또 귤 껍질을 벗겼을 때 나오는 하얀 속껍질을 하얀 속껍질 또는 흰 속껍질이라고 표기했습니다. 다른 과일은 전부 껍질로 통일했습니다.

01
제철 과일로 만드는
잼, 콩포트, 과일 설탕 절임

잼 만드는 법칙

이 책에서는 잼을 만들 때 각 과일을 맛본 후 과일 본연의 싱싱함을 최대한 확실하게 살릴 수 있는 레시피를 알려드립니다.

각 과일의 개성을 최대한 살리면서 차츰 변화되어 가는 과일의 모습을 보면서 잼을 만들어 봅시다. 과일 그 자체의 맛을 만끽할 수 있는 맛있는 잼과 만나게 될 것입니다.

펙틴, 산미료, 착색료, 보존료 등은 사용하지 않습니다.

이 책에서 소개하는 잼들은 약간의 걸쭉함을 만들기 위해 잼 만들 때 넣는 펙틴을 사용하지 않았습니다. 그 이유는 펙틴 그 자체가 화학적인 맛이 나기 때문입니다. 만약에 잼을 좀 더 걸쭉하게 만들고 싶다면 당분이나 과일을 오래 끓인 것만으로도 충분합니다. 감귤 잼은 감귤의 속껍질로, 자두 잼은 자두 껍질로 잼의 걸쭉함을 만들어 낼 수 있습니다. 그리고 신맛은 구연산이나 인공적인 맛이 아니라 생 레몬을 바로 짜서 넣고 잼의 색은 과일 껍질로부터 나온 천연색으로 표현합니다. 그리고 잼을 집에서 바로 만들어서 최대한 빨리 먹는다면 따로 신경 써서 보관할 필요도 없습니다. 재료를 가능한 천연 그대로 사용하는 것이 본 재료의 맛을 살리는 것이라고 생각합니다.

2번 끓이는 것은 절대 해서는 안 됩니다.

일반적인 잼 만드는 방법에는 장기간 보관을 목적으로 병 내부의 공기를 빼내기 위해(탈기라고 합니다) 잼을 담은 병을 오븐이나 끓은 물에 넣어서 재가열합니다. 잼의 양이 많은 경우에는 2번 끓이는데 이렇게 잼을 필요 이상으로 오래 끓이게 되면 신선도가 사라져 과일의 풍미가 떨어집니다.

불에 졸인 잼은 잼이 아직 뜨거울 때 바로 깨끗한 병에 담아 주세요. 가정에서는 식힌 후 밀폐용기에 담으면 좋습니다. 어찌 됐든 냉장고에서 3주 이내 보관을 기준으로 최대한 빨리 드시기 바랍니다. 이렇게 그때그때 만들어서 빨리 다 먹는 것이 어떻게 보면 신선한 잼을 맛볼 수 있는 팁입니다.

당도, 산도는 측정하지 않습니다.

이 책에서는 과일이나 잼의 당도나 산도를 따로 측정하지 않
습니다. 어떠한 하나의 수치로 맛을 판단하기보단 전체적인 과
일 맛의 밸런스가 가장 중요하다라고 생각하고 있기 때문입니
다. 독자 여러분 각자의 혀로 맛 본 본래의 과일 맛이나 과일을
조리하는 과정에서의 맛을 보고 원하는 대로 설탕이나 레몬즙
을 더 넣거나 빼 주세요. 과일이 너무 달면 설탕을 5~20% 정
도 덜 넣는 대신에 레몬즙을 더 넣고, 반대로 신맛이 강하면 설
탕을 더 넣어주는 등 본인이 조절해 나가면서 잼을 만들어갑니
다. 과일도 같은 과일이라 하더라도 각각 가지고 있는 맛이 다
똑같지 않고 미묘한 차이가 있기 때문에 해마다 같은 과일로 잼
을 만들었는데 매번 같은 맛이 나오지 않는다 해서 실망하지 맙
시다. 제철에 나오는 과일로 맛있는 잼을 맛 본다는 것에 최대
한 의의를 둡시다.

가열시간이 짧습니다.

이 책에서 소개할 잼은 가열시간이 20분 이내인 것이 대부분입
니다. 이와 같이 짧은 시간에 졸여 내는 것이 과일 본래의 싱싱
함을 최대한 살릴 수 있는 맛있는 잼으로 완성하는 비법입니다.
왜냐하면 약한 불에 보글보글 너무 오랜 시간 졸이게 되면 여분
으로 남아있던 단맛이 더 강해지는 반면에 신선함은 없어지게
됩니다. 그러나 또 졸이는 시간이 너무 짧으면 단맛은 강해지지
않고 물처럼 묽어지면서 맛이 부족한 잼이 되어 버립니다. 그러
므로 졸이는 시간에 주의합시다.

설탕은 최소한으로

잼을 만들 때는 정백당(상백당, 백설탕)보다는 순도가 높고 산
뜻한 단맛이 나는 그래뉴당(자잘한 알갱이가 아니어도 좋습니
다)을 사용합니다.
일반적인 레시피와 비교해 보면 설탕의 양이 적긴 하지만 과일
본래의 맛이나 풍미를 살리기 위해서라면 이 정도 양이 딱 적
당합니다. 반대로 설탕의 양을 또 너무 적게 하면 윤기나 걸쭉
함이 나오지 않을 뿐만 아니라 과일의 맛도 제대로 나오지 않
고 보존성도 떨어지기 때문에 잼을 만들 때는 설탕의 양에 각
별히 주의해야 합니다.

제스트와 레몬즙은 최고의 조미료

제스트와 레몬즙은 과일 본래의 맛을 잃어버리는 일 없이 잼의 맛을 적절하게 조절해 줍니다. 제스트에는 감귤류의 껍질을 얇고 가늘게 자른 것이 있습니다. 강판으로 껍질을 잘게 갈아버리면 섬유질이 망가져버려 수분이나 향이 날아가버리기 때문에 반드시 제스트 전용기구로만 제스트를 만들어 주세요. 감귤류는 껍질을 벗겨보면 안쪽의 하얀 부분이 있는데, 이 부분이 쓴맛을 내기 때문에 오직 바깥쪽의 주황색 겉껍질만 한두 번 정도로 짧게 잘라서 사용합니다. 감귤류의 제스트 하나 만으로도 잼의 향과 맛이 훨씬 두드러집니다. 레몬즙은 신맛과 다른 맛의 밸런스를 맞추는 데에 빼놓을 수 없는 아주 중요한 것이지만 "아, 이 맛은 레몬이다!" 라고 확실히 알아차릴 정도로는 넣지 않는 것이 레몬즙 넣을 때의 포인트입니다.

평평한 냄비를 추천하는 이유

사용하는 냄비의 종류에 따라서 잼의 완성도에도 큰 차이가 나타납니다.
이 책에서는 WMF(독일 주방용품 수입 전문 업체)사 제품의 얇은 스테인리스 평평한 냄비를 사용했습니다. 큰 콩포트나 마멀레이드는 24cm, 그 이외의 과자를 만들 때 사용하는 것은 안지름 20cm인 것입니다. WM회사의 냄비는 밑바닥 부분이 두껍고 또 뚜껑도 무거워서 밀폐성이 용이하기 때문에 열전도나 열을 축적하는 데에 있어 우수합니다. 냄비 안에서 전체적으로 열이 과육을 감싸면서 골고루 과일이 익혀집니다. 평평한 냄비는 적은 양의 잼을 졸이는데 있어서 표면적이 크고 적당한 때에 수분이 증발해 잼에 자연스럽게 점성이 생겨서 짧은 시간 안에 잼을 만들 수 있습니다. 그러나 얄팍한 냄비로 잼을 만들게 되면 잼이 늘러 붙거나 가열한 얼룩이 남기 쉽습니다. 또 잼을 오래 만들어 본 경험을 바탕으로 한 가지 팁을 드리자면 냄비 안에 잼을 넣을 수 있는 깊이가 6cm 이상이 되면 바짝 졸이는 게 어렵고 잼이 짧은 시간 내에 졸여지지 않습니다. 이미 가지고 있는 냄비를 사용할 경우에도 스테인리스나 알루미늄제 등 산성에 잘 반응하지 않는 재질의 냄비를 사용하고 냄비의 사이즈에 맞춰서 졸이는 양을 조절해 주세요.

소량만 만듭니다.

마멀레이드 이외의 잼은 소량만 만드는 것이 가열 시간을 단축시키면서 보다 신선한 맛으로 만들 수 있습니다. 간단히 만들려면 전자레인지를 활용하는 방법도 괜찮습니다. 딸기 반 팩, 바나나 하나와 같은 적은 양으로 간단하게 몇 분 안에 만드는 잼은 다른 잼과 견주어 보아도 손색이 없는 잼으로 완성됩니다.

콩포트 만드는 법칙

이 책에 나오는 콩포트는 쉽고 간편하게 만드는 것 같지만 완성된 콩포트는 고급 레스토랑에서 나오는 것에 비해 절대 맛이 뒤쳐지지 않습니다. 그대로 먹는 것은 물론, 요거트와 같이 먹거나 타르트나 케이크의 휘핑크림에 사용해도 매우 맛있습니다.

이 책에 나오는 콩포트 만드는 방법은 크게 두 가지인데 과일을 시럽에서 졸인 것과 직접 과일에 설탕을 더해서 졸인 것이 있습니다. 방법마다 대표되는 과일로 어떻게 만드는 지를 기억해 두면은 콩포트가 보다 가깝게 느껴지게 될 것입니다.

시럽에서 졸이는 경우

설탕과 설탕의 2~4배(과일의 종류에 따라 다릅니다)에 해당하는 양의 물을 넣어서 우선 시럽을 끓여서 만들고 그 시럽에 껍질을 벗긴 과육을 넣습니다. 시럽에 넣은 자두나 복숭아는 짧은 시간으로, 사과나 배는 대략 몇 분정도만 불에 익혀서 콩포트를 만듭니다. 불을 끄고 나서 시럽에 남아 있는 열은 끓이고 남은 열이어서 어느 정도 열이 들어가 있기 때문에 그 열로도 과일을 익힙니다. 그렇기 때문에 과일을 시럽에 넣어서 불로 졸일 때 너무 졸이지 않도록 주의해 주십시오.

시럽에서 졸여서 만드는 콩포트의 포인트는 과일이 시럽에 담겨지지 않은 부분부터 변색되기 쉽기 때문에 '과일이 확실히 잠길 수 있는 양의 시럽'과 '종이 덮개'를 준비하는 것입니다. 과일을 졸이고 있을 때나 보존하고 있을 때에도 과일이 공기에 닿지 않도록 종이 덮개를 씌워 놓습니다. 종이 덮개로는 강도가 있어 잘 찢어지지 않는 유산지를 추천합니다. 냄비에 들어있는 시럽이 부족한 경우에는 물을 좀 더 넣는데 물과 함께 그 물의 1/3~1/4의 설탕을 더합니다.

콩포트를 만들 때 또 하나 빠질 수 없는 것이 시럽의 신맛입니다. 과일의 변색을 방지하는 한편 맛의 밸런스를 조절합니다. 자두류는 그 과일이 원래 가지고 있는 신맛을 이용하면 되지만 그 이외에는 레몬즙으로 신맛을 보충합니다. 또 서양배나 사과 등 심심한 맛의 과일은 향신료나 양주로 풍미를 더해 맛의 균형을 맞춰줍니다.

직접 설탕을 넣는 경우

각으로 자른 사과나 불에 익히기 쉬운 금귤 등은 직접 설탕을 넣어서 끓입니다. 또 끓여서 물러지기 쉬운 무화과는 찜기에 넣어서 콩포트로 만듭니다.

귤 잼

＊ 믹서에 갈고 난 후 졸인다.

"이렇게 예쁜 귤색은 어디서 나오는 건가요?", "신선한 맛의 비결은?",
"펙틴을 더하지 않았는데도 이렇게 자연스런 점성이 어떻게 나오는 건가요?"
귤 잼을 맛 본 많은 분들로부터 이런 좋은 반응을 종종 듣습니다. 그러나 사실 이 잼을 만드는 방법은
매우 간단합니다. 귤을 흰 속껍질과 함께 믹서에 갈아서 설탕을 더해 가볍게 졸이면서
마무리는 레몬즙과 귤의 제스트를 더해주는 것뿐입니다. 특별한 기구도 필요 없고 또 어렵지도 않습니다.
그렇지만 맛 하나는 최고인 귤 잼입니다. 한입 먹으면 입안 가득 귤 그 자체의 맛이 선명하게 느껴집니다.
이 잼을 만드는 방법은 다양하게 응용할 수 있기 때문에 다른 여러 가지 감귤류로도 도전해 보십시오.
분명 잼 만들기 세계에 한층 더 깊게 빠져 들게 될 것입니다.

재료

온주밀감	500g(겉껍질은 벗긴다. 중간사이즈 6~7개 정도)
그래뉴당	175g(귤의 약 35%)
레몬즙	5~10g
귤 제스트	약 1개분

주의점 & 사전준비

귤의 제스트는 겉껍질의 표면만을 얇고 잘게 잘라서 사용한
다. 겉껍질 안쪽의 하얀 속껍질 부분은 쓴맛이 나기 때문에 넣
지 않는다.

POINT!

○ 귤은 귤 과육의 속껍질 부분과 함께 믹서에 갑니다. 이 속
껍질을 더하는 것만으로도 잼에 점성이 생겨서 맛이 한층
더 깊어지게 됩니다.

○ 레몬즙은 맛을 다져주고 귤의 제스트가 귤 잼의 향기와 맛
의 윤곽을 만들어 줍니다.

○ 귤은 먹어 봤을 때 맛있는 귤을 사용합니다. 졸이는 시간
이나 설탕, 레몬즙의 양은 잼 만들 때 맛보면서 자신의 입
맛에 맞게 조절해 줍니다.

01 귤은 겉껍질을 벗겨 귤의 중간 부분에 있는 심은 제거하고(과육의 흰 속껍질은 그대로) 가로로 반을 자른다. 씨가 있다면 빼내서 없앤다.

02 1을 믹서에 간다. 처음에는 잘 갈리지 않기 때문에 짧게 연속으로 여러 번 스위치를 누르면서 돌린다.

03 큰 덩어리가 없는 매끄러운 퓌레 정도가 되면 좋다.

04 3을 평평한 냄비에 넣고 그래뉴당을 넣는다.

05 냄비를 중간 불에 실리콘 주걱으로 천천히 저어주면서 그래뉴당을 녹인다.

06 귤이 팔팔 끓으면 거품이 올라오는데 이를 천천히 건져내서 없애준다. 그 뒤 불을 약하게 해서 12~15분간 정도 졸인다.

07 색이 진하게 변하면 레몬즙과 귤 제스트를 더해 향과 쌉싸름한 맛을 낸다.

08 약 1분 뒤 흐물흐물한 상태에서 살짝 걸쭉해지면 완성. 식히는 과정에서 점성이 더해지기 때문에 너무 많이 졸이지 않도록 하자.

딸기 잼

*** 전자레인지로 만든다.**

딸기 잼은 냄비로 만드는 것이 대부분이지만
적은 양의 잼을 만들 때나 지금 당장 잼을 먹고 싶을 때는
전자레인지로 간단하게 만들 수 있습니다.
전자레인지로 만들면 딸기의 맛이 보다 더
풍부하게 느껴질 것입니다.

재료

딸기 ····················200g(꼭지는 뗀다)
그래뉴당 ··············90g(딸기의 약 45%)
레몬즙 ··················15g

주의점 & 사전준비

전자레인지 안에서 잼이 끓기 때문에 깊고 큰 내열 볼을 사용
한다.

POINT!

○ 잘게 썬 딸기에 설탕과 레몬즙을 섞어서 전자레인지에 넣는 것으로 끝.

○ 랩은 씌우지 않는다. 랩을 씌우지 않아야 수분이 날아간다.

○ 전자레인지로 만드는 잼은 바나나, 무화과, 플럼(서양 자두) 등 과육이 부드러운 과일로 한다. 만들 때는 과육을 잘게 썰거나 으깬다.

○ 전자레인지로 가볍게 데우는 것이 아니라 확실히 과일을 끓여낼 것.

01 딸기는 꼭지를 떼서 1~2cm 크기로 자른다.

02 내열 볼에 딸기와 그래뉴당, 레몬즙을 넣는다. 잼을 끓이면 잼이 볼의 테두리까지 올라오기 때문에 볼은 깊은 것을 사용한다.

03 재료를 한데 섞어준다. 랩은 씌우지 않는다.

04 600W의 전자레인지에서 3분간 돌린다.

05 한 번 꺼내서 거품을 가볍게 건져 낸 후 가열하면서 생기는 얼룩이 들지 않도록 전체를 잘 섞어주고 다시 전자레인지에 넣어서 4분간 더 돌린다.

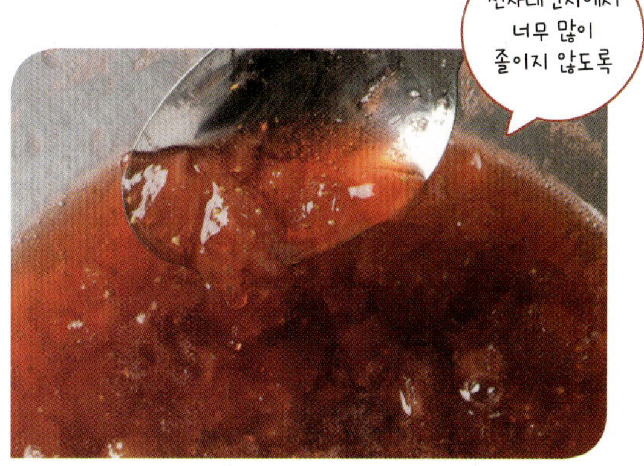

06 식히는 과정에서 더 걸쭉해지고 공기에 접촉하면서 점차 신선한 딸기 잼 색으로 변해 간다.

 # 사과 잼

＊ 과육을 졸이고 나서 설탕을 더한다.

여러 번의 시행착오를 거듭한 끝에 나온 결과
사과는 잘게 갈아도 너무 작게 잘라도 안 됩니다.
뜸 들이듯 부드럽게 사과 양의 20% 이하로 설탕을 넣어서 졸이는 것이
잼을 맛있게 만드는 요령입니다.

재료

사과(홍옥)	……………	500g(껍질과 씨는 제거한다)
레몬즙	……………	15g
물	……………	100g(사과의 약 20%)
사과 껍질	……………	전체의 약 1/10 양
그래뉴당	……………	90g(사과의 약 18%)

POINT!

○ 과육을 부드럽게 졸이고 나서 설탕을 넣는다. 이렇게 하는 것이 더 빨리 완성되고 사과 본래의 맛을 살린다.

○ 사과는 자르자마자 바로 끓인다. 시간이 지나면서 변색이 시작되므로 잼으로 만들어도 색이 보기 좋지 않다.

○ 사과의 껍질을 넣어서 만들면 옅은 색을 낼 수 있다. 진한 빨간색 껍질이 없다면 넣지 않는 것이 좋다.

01 사과는 껍질을 벗기고 씨와 그 주변을 잘라내서 부채꼴 모양으로 썬다. 평평한 냄비에 넣어서 레몬즙과 물을 넣고 중간 불로 끓인다.

02 계속해서 사과 껍질을 넣고 뚜껑을 닫는다.

03 뚜껑 틈새로 증기가 올라오면 불을 약하게 해서 7~10분간 뜸 들이면서 졸인다.

04 사과가 분홍색으로 변하고 부드러워지면 그래뉴당을 넣어서 가볍게 섞어준다.

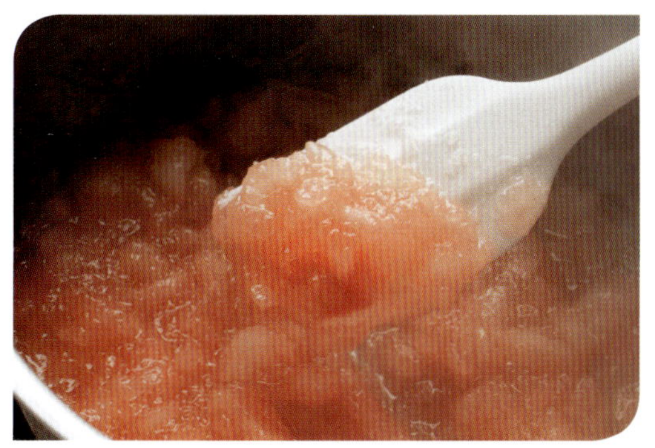

05 2분 정도 더 졸이면 완성. 남은 껍질은 건져낸다. 사진과 같이 흐물흐물해져서 농도가 걸쭉해지면 완성.

 # 루바브와 바닐라 잼

최근에 신선하면서도 쉽게 구할 수 있게 된 루바브.
한입 베어 물면 상쾌한 신맛이 입안으로 전해집니다.
루바브에 바닐라를 더하는 것으로
더욱 풍부한 맛으로 변합니다.

재료

루바브	………………	300g(껍질은 벗기지 않는다)
그래뉴당	………………	90g(루바브의 약 30%)
바닐라빈	………………	4cm분
물	………………	5g

POINT!

○ 루바브는 신선한 것을 사용해서 조금이라도 루바브 본래의 형태가 남을 수 있도록 짧은 시간 안에 졸여내어 완성한다.

○ 루바브는 뿌리 쪽의 딱딱한 부분을 잘라 없애고 줄기만 마구썰기로 잘라서 사용한다.

○ 루바브는 다른 과일과 합쳐서 잼을 만드는 것이 더 맛있다. 루바브의 반에 같은 양의 딸기, 사과, 파인애플, 자두류를 더해서 만든다(바닐라는 원하는 대로). 서로의 맛이 어우러져서 루바브 그 자체 하나의 맛보다 더 맛있고 먹기 쉬운 잼이 된다.

01 루바브는 1~1.5cm 길이로 잘라 평평한 냄비에 넣어서 눌러 붙지 않을 정도의 양의 물을 넣는다.

02 뚜껑을 닫고 중간 불로 10분간 정도 졸인다.

03 루바브가 흐물흐물해지면 적은 양이지만 수분이 나온다.

04 여기에 그래뉴당과 바닐라빈을 넣고 줄기는 칼집을 살짝 내어 넣어준다.

05 전체를 가볍게 섞어주면서 위로 올라오는 하얀 거품을 건져낸다. 바닐라빈까지 건져내지 않도록 주의한다.

06 2~3분 후 사진처럼 루바브의 형태가 남아 있을 정도로 졸이면 완성.

 # 자두 잼

✽ 껍질과 씨를 한꺼번에 끓인다.

자두나 살구와 비슷한 종류의 과일은 껍질을 벗기지 않고
씨와 함께 졸이는 것이 포인트입니다.
과일의 껍질과 씨로부터 고급스러운 향과 신맛,
그리고 점성이 나오기 때문에 향이 강하면서
아주 맛있는 잼으로 만들 수 있습니다.

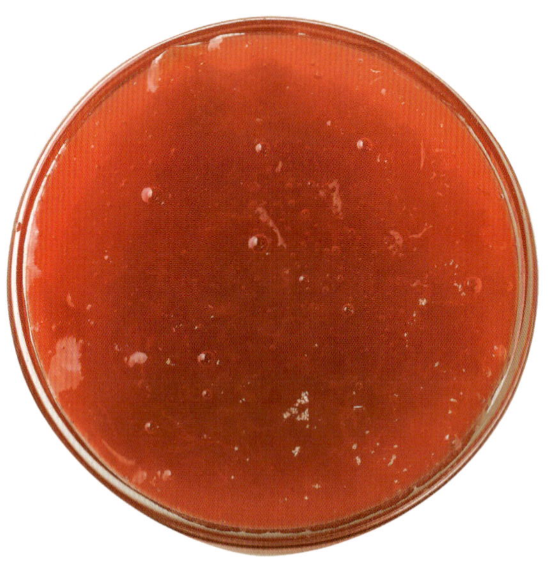

재료

자두(대석조생) ··········500g(씨와 껍질도 포함한다)
그래뉴당 ·············175〜200g(자두의 35〜40%)
물 ·················5〜10g

POINT!

○ 과육을 가볍게 졸이고 나서 설탕을 넣는다. 이렇게 하는 것이 더 빨리 완성되고 과일의 풍미를 그대로 살릴 수 있다.

○ 자두나 살구류는 껍질과 씨도 함께 끓인다.

○ 껍질은 녹아서 없어지지만 씨는 가장 마지막에 건져 내야 한다. 껍질에서 신맛과 점성이 나오고 씨의 효소에서 향을 좌우하는 성분
  이 나온다.

○ 자두를 잼으로 만드는 경우 손으로 자두를 쥐었을 때 손힘으로 뭉갤 수 있을 정도로 다 익은 자두를 사용한다.

01 자두는 껍질째 쓰며 적당한 크기로 자른다. 씨도 그대로 사용한다. 평평한 냄비에 넣어서 자두가 냄비에 눌어붙지 않도록 물을 넣고 뚜껑을 닫아서 중간 불에 올린다.

02 2~3분 후 과육이 어느 정도 불에 익으면 수분이 우러나올 때 그래뉴당을 넣어서 가볍게 저어 준다.

03 그래뉴당이 녹으면서 더 많은 수분이 나온다.

04 뚜껑을 닫고 약한 불로 12~13분 정도 졸인다.

05 과육이 흐물흐물해지면 뚜껑을 열어 가볍게 저어서 수분을 증발시킨다. 이때 자두 잼은 껍질은 다 녹은 상태이고 전체적으로 예쁜 색이 되어 있다.

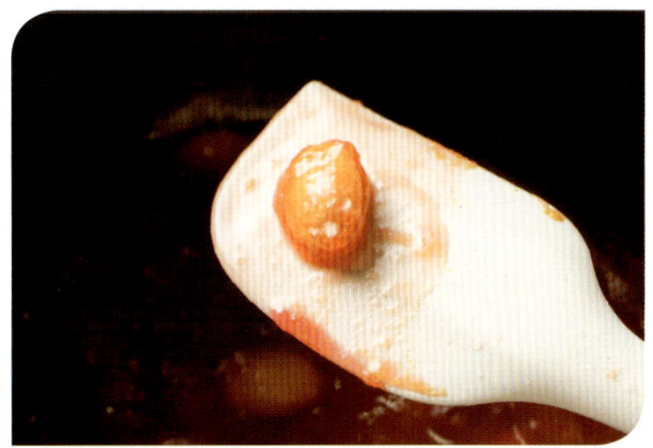

06 씨 주변의 과육이 거의 없어진 상태가 이제 다 완성되었다는 신호이다.

 # 밀감 마멀레이드

초봄부터 나오기 시작하는 일본의 감귤류는 그 특유의 쓴맛과 상큼한 향기가 마멀레이드를 만들기에
딱 적당합니다. 그중에서도 가장 좋아하는 밀감을 사용해서 마멀레이드로 만들어 보았습니다.
과거에 마멀레이드를 만드는 방법으로는 겉껍질을 두 번 데쳐서 만드는 것이 일반적이었지만
보다 향을 강하게 하기 위해서 껍질을 처음에 확실히 문질러 씻어
데치는 것도 한 번으로 줄였습니다.
또 하나의 포인트는 과육의 전체 양과 속껍질을 더하는 것입니다.
과육으로 확실히 맛을 내고 속껍질이 점성을 내는 역할을 합니다.
데치고 나서 껍질의 무게를 재야하는 번거로움이 있지만
그만큼 맛있게 만들 수 있으므로 꼭 도전해 보십시오.

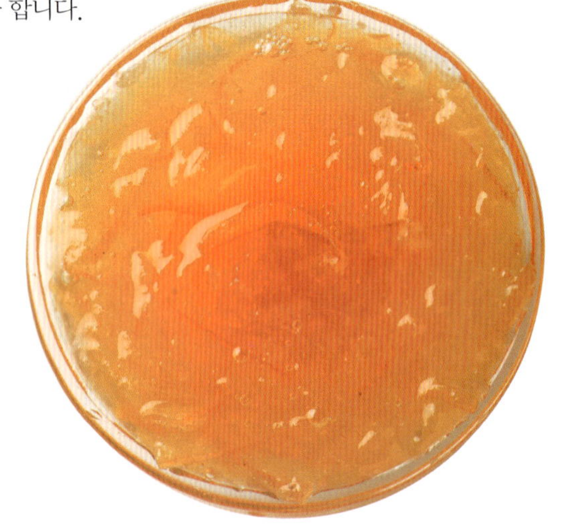

재료

오렌지의 겉껍질 ·········2개 정도 양
오렌지의 과육 ··········2개 분(하얀 속껍질은 제거한다)
오렌지의 속껍질 ········전체 속껍질의 약 5%
그래뉴당 ···············한 번 데친 겉껍질 양의 95~100%
겉껍질을 데친 물 ········한 번 데친 겉껍질의 약 20%
　　　　　　　　　　　　(약 160g)

주의점 & 사전준비

- 겉껍질은 안쪽에 있는 하얀 속껍질 부분은 벗기지 않고 길이
  4~5cm, 폭 2mm의 크기로 얇게 자른다.
- 밀감 마멀레이드의 경우에는 겉껍질을 벗긴 밀감에서 과육
  의 하얀 속껍질 부분과 과육으로 나눈다. 이때 나오는 과즙
  은 한쪽에 모아둔다.

POINT!

- 감귤류의 겉껍질은 두께나 수분의 양 등에 따라 매번 무게
  의 차이가 있기 때문에 한 번 데치고 난 후 무게를 측정하
  고 그 무게에 맞춰 그래뉴당을 준비한다.

- 겉껍질을 한 번 데쳐서 겉껍질이 손으로 간단하게 찢어질
  정도로 부드러워지면 과육과 설탕을 넣어서 끓인다.

- 여기에서는 겉껍질뿐만 아니라 과육도 같은 양(재료의 전
  체 양)을 사용한다. 그러면 보다 맛있는 마멀레이드가 완
  성된다.

- 속껍질은 없어도 되지만 넣는 것만으로도 적당한 점성이
  생겨서 맛이 더 깊어진다.

- 너무 많이 졸이면 설탕의 맛만 강해져서 감귤의 풍미를 없
  애버리므로 주의한다.

- 다른 잼보다도 설탕이 많이 사용되고 졸이는 시간도 길기
  때문에 보존성이 좋다.

- 감귤 외에 자몽 등으로 해도 맛있게 만들 수 있다.

01 겉껍질은 길이 4~5cm, 폭 2mm로 얇게 자른다. 다른 한쪽에서는 밀감의 과육을 아예 속껍질을 다 벗겨서 속껍질과 과육으로 나눠놓는데 그때 나오는 과즙도 모아둔다.

02 큰 볼에 물을 가득 담아서 1의 겉껍질을 넣어 두 손으로 비벼가면서 씻는다. 물을 바꿔서 다시 한 번 씻는다. 꽉 짜내서 소쿠리에 담아 둔다.

03 냄비에 물을 끓여서 겉껍질을 데친다. 완전히 끓으면 약한 불에 30분간 졸인다.

04 겉껍질이 부드러워져서 손으로 뭉갤 수 있을 정도에서 불을 멈추어 소쿠리에 담고 겉껍질 데친 물은 버리지 말고 그대로 놔둔다. 소쿠리에 담은 껍질의 무게를 재서 그 무게의 95~100% 정도에 해당되는 양의 그래뉴당을 준비해둔다.

05 평평한 냄비에 1의 과육을 뭉개면서 넣는다. 이때 1의 과즙도 더한다.

06 그래뉴당을 다 넣고 4의 껍질을 넣는다.

07 4에서 남겨 놓은 데친 물을 겉껍질의 20% 정도에 해당되는 양(약 160g)을 넣고 저으면서 중간 불로 끓인다.

08 계속해서 속껍질을 얇게 잘라 넣는다.

09 그 상태로 약한 불에서 중간 불로, 중간 불에서 약한 불로 40~50분 정도 졸인다.

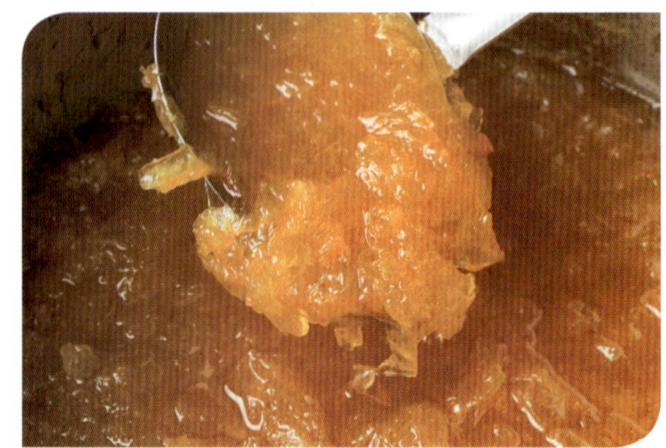

10 이 정도로 색깔이 나온다면 완성. 식히면 더 걸쭉해지기 때문에 물컹물컹한 상태에서 불을 멈춰야 한다.

다양한 잼

잼을 만드는 방법은 과일의 종류나 성질에 따라 어느 정도 패턴이 정해져 있습니다.
다음을 참고해서 원하는 과일로 잼 만들기에 도전해 보세요.

| 기본잼 | 변화 응용 |

1. 귤 잼
* 믹서에 갈고 난 후 졸인다.
→ 팬케이크(P.187)

속껍질이 부드러운 감귤류
키요미 잼, 네이블 오렌지 잼, 금귤 잼
*키요미 : 키요미 오렌지라고 하며, 온주 밀감과 외국산 오렌지를 교배해서 만든 품종.

속껍질이 딱딱한 감귤류
왕귤 잼, 감귤 잼, 블러디 오렌지 잼, 이요깡 잼, 그레이프 후르츠와 스파이스 잼
*이요깡 귤 : 일본에서 생산되는 귤로, 온주 밀감과 오렌지 사이의 귤로 여겨지지만 정확한 기원은 명확하지 않다.

그 외
파인애플 잼

2. 딸기 잼
* 전자레인지로 만든다.
→ 크로스타타(P.92)

무화과 잼, 바나나 잼

3. 사과 잼
* 과육을 졸이고 나서 설탕을 더한다.
→ 사과 머핀(P.82)

사과 잼(부사)

4. 루바브와 바닐라 잼
* 과육을 어느 정도 졸이고 나서 설탕과 스파이스를 더한다.
→ 크로스타타(P.92)

서양배와 바닐라 잼

5. 자두 잼
* 껍질과 씨를 한꺼번에 끓인다.
→ 대석조생 자두 타르트(P.60)

매실 잼, 살구 잼
솔덤 소스 → 거봉 바닐라무스(P.127)

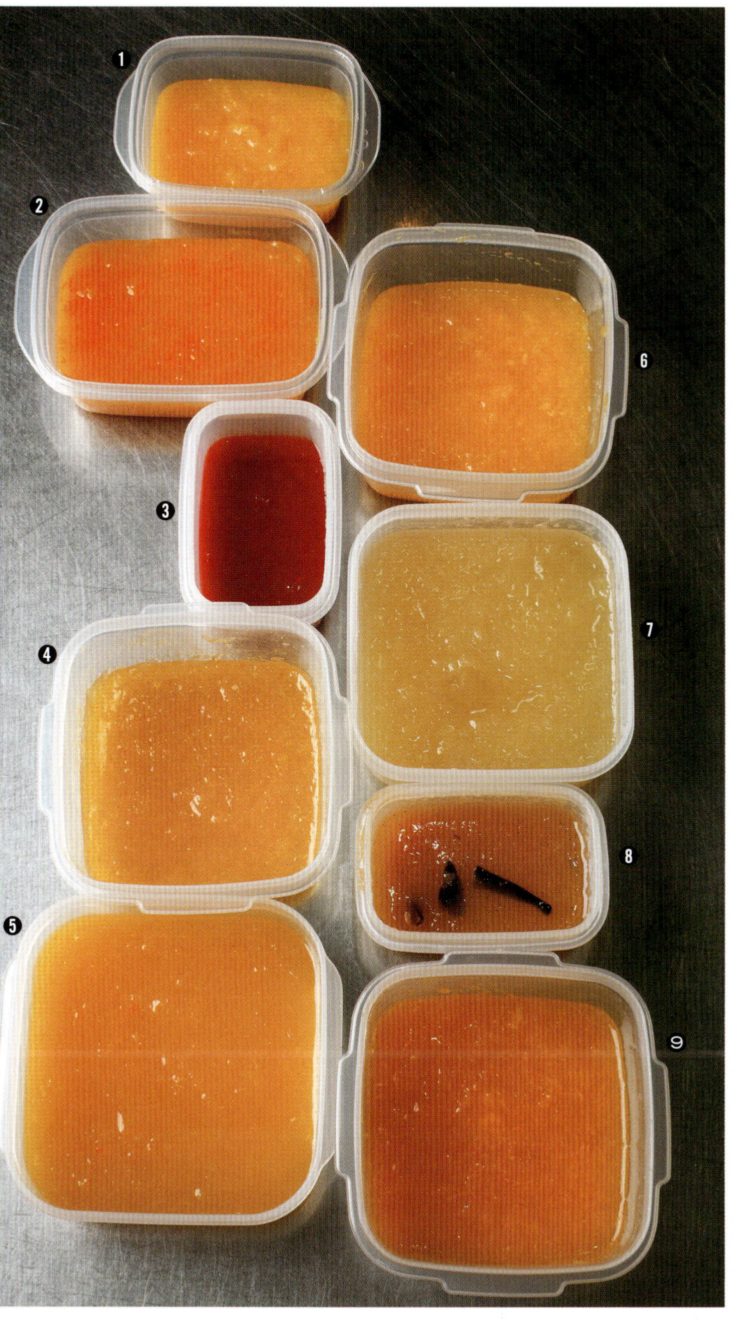

① 키요미 잼, 네이블 오렌지 잼, 금귤 잼

온주 밀감처럼 속껍질이 부드러워서 그냥 먹을
수 있는 것은 잼에도 과육의 속껍질을 벗기지 않
고 그대로 전부 사용한다. 그래뉴당은 과실의
30~35%에 해당되는 양이고, 레몬즙은 10% 정
도가 기준이다.
귤 잼(P.19)과 같은 방법으로 만들고 마무리는 각
각의 제스트를 더해서 쓴다.

① 왕귤 잼, 감귤 잼, 블러디 오렌지 잼, 이요깡 잼, 그레이프 후르츠와 스파이스 잼
(만드는 방법은 뒷 페이지에)

속껍질이 두꺼운 것은 속껍질 전체의 30% 전후에
해당되는 양(더 첨가할지 안 할지의 판단은 본인이
원하는 대로)을 과육과 함께 믹서에 간다. 그래뉴당
은 과육 양의 30~35% 정도 레몬즙은 10% 정도가
기준이다. 귤 잼(P.19)과 같은 방법으로 만들고 마
무리는 각각의 제스트를 더해서 쓴다.

❶ 네이블 오렌지 잼　　❻ 키요미 잼
❷ 금귤 잼　　❼ 왕귤 잼
❸ 블러디 오렌지 잼　　❽ 그레이프 후르츠와 스파이스 잼
❹ 감귤 잼　　❾ 이요깡 잼
❺ 귤 잼

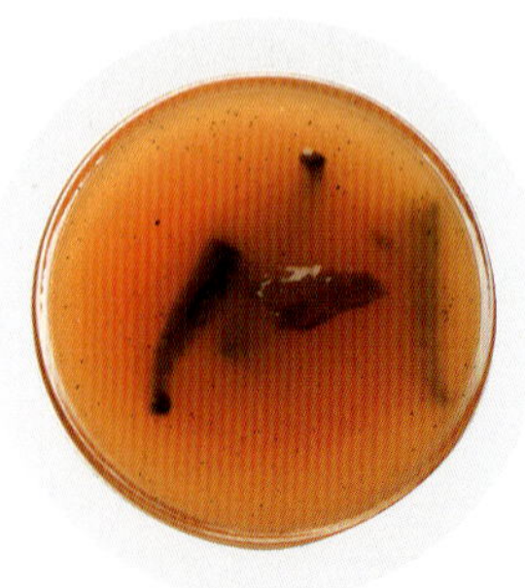

① 그레이프 후르츠와 스파이스 잼

재료

그레이프 후르츠의 과육과 과즙 …	합계 200g
그레이프 후르츠의 속껍질 …………	약 1/2개분
그래뉴당 ……………………………	70g(그레이프 후르츠의 약 35%정도)
물 ……………………………………	40g
레몬즙 ………………………………	5~15g
시나몬 카시아 스틱 ………………	3~4cm
바닐라빈 ……………………………	약 3cm
그레이프 후르츠 제스트 …………	약 1/10개분

앞 페이지의 '속껍질이 딱딱한 감귤류'와 같은 방법으로 만드는데 떫은맛이 사라지면 레몬즙 5g, 시나몬스틱과 바닐라빈에 칼집을 내어 약한 불로 12~15분 정도 졸인다. 중간에 그레이프 후르츠 제스트를 더한다. 맛을 보고 신맛이 부족하면 레몬즙을 좀 더 5~10g 정도 더 넣는다. 15~17분 정도 졸이고 살짝 걸쭉해지면 완성.

① 파인애플 잼

파인애플(완전히 익은 것) …………	200g(껍질은 두껍게 벗기고 심은 제거한다)
그래뉴당 ……………………………	40~60g(파인애플의 20~30%)
물 ……………………………………	20g

파인애플과 같은 섬유질이 많은 과일도 귤 잼(P.19)과 같은 방법으로 맛있는 잼을 만들 수 있다. 파인애플은 껍질과 심을 제거하고 물과 함께 믹서에 간다. 이것을 평평한 냄비에 넣고 그래뉴당을 넣어 끓인다. 완전히 팔팔 끓어오르면 약한 불로 12~15분 정도 졸인다. 신맛이 부족한 경우에는 레몬즙(제시된 분량 외)을 더한다.

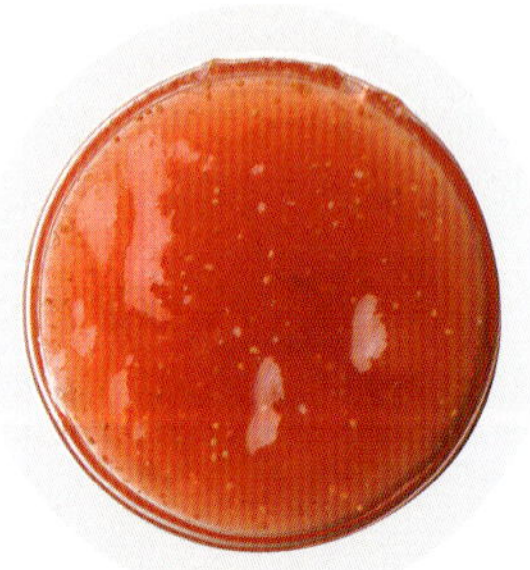

② 무화과 잼

무화과 ………………………………	100g(껍질을 벗기고 자른다)
그래뉴당 ……………………………	45g(약 45%)
레몬즙 ………………………………	18g(약 18%)

딸기 잼(P.22)과 같은 방법으로 만든다. 볼에 무화과, 그래뉴당, 레몬즙을 합쳐서 섞는다. 600W의 전자레인지에 2분간 돌려서 전체를 한 번 섞은 후 다시 한 번 1분간 돌린다. 떫은맛이 사라지면 완성이다.

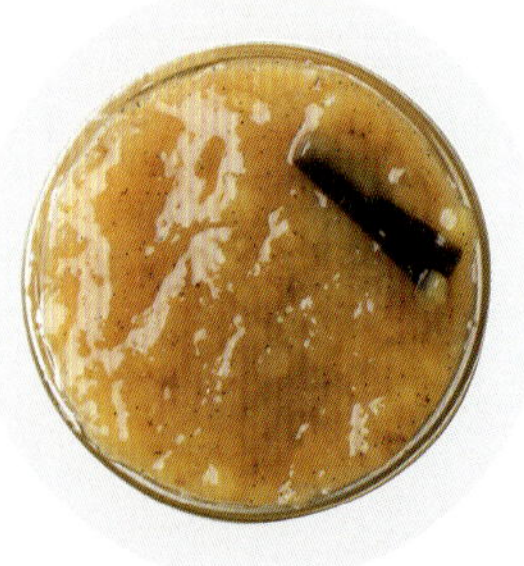

② 바나나 잼

딸기 잼(P.22)과 같은 방법으로 만든다. 바나나 100g에 그래뉴당 20g(약 20%), 레몬즙 10g(약 10%), 바닐라빈 2cm분을 더한다. 600W의 전자레인지에 돌리는 시간은 2분 정도인데 부족하다면 1분 정도 더 돌린다.

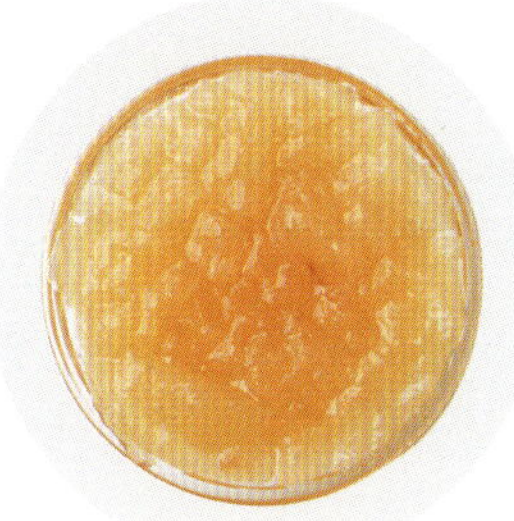

③ 사과 잼(부사)

홍옥의 사과 잼(P.24)과 같은 방법으로 만든다. 그래뉴당은 15%, 레몬즙은 약 10% 정도. 껍질은 넣지 않는다. 졸이는 시간은 홍옥 사과보다 좀 더 길게 15~20분 정도이다.

④ 서양배와 바닐라 잼

루바브와 바닐라 잼(P.26)과 같은 방법으로 만든다.
껍질과 심을 없앤 뒤 서양배(라 프랑스) 300g 정도라면 레몬즙은 12g(약 4%), 물은 36g(약 12%), 바닐라 빈은 5cm분을 더해서 불에 익힌다. 15분간 졸여서 서양배가 부드러워지면 그래뉴당 60g(약 20%)을 더한다. 살짝 걸쭉해지면 완성.

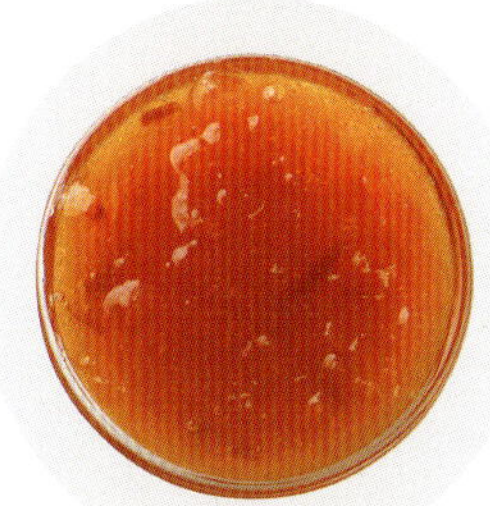

⑤ 매실 잼

자두 잼(P.28)과 같은 방법으로 만든다. 매실은 노랗게 잘 익은 것을 사용한다. 매실 500g에 그래뉴당은 200g(약 40%) 물은 25g(5~10%)정도이다. 단맛을 보면서 그래뉴당은 50% 정도까지 더 넣어도 된다.

⑤ 살구 잼

자두 잼(P.28)과 같은 방법으로 만든다. 살구가 500g이라면 그래뉴당은 200~220g(약 40~44%), 물 은 25g(5~10%) 정도이다.

⑤ 솔덤 소스

완전히 익은 솔덤 200g은 껍질과 씨를 제거하지 않고 적당히 잘라 물 40g을 더해서 불에 익힌다. 완전히 끓어오르고 2~3분 후 솔덤이 졸여져 물러지면 그래뉴당 50g(약 25%)을 더해서 또 5분 이상 졸인다. 살짝 걸쭉해지면서 씨를 살며시 건져낼 정도가 되면 완성.
아직 남아 있는 열이 어느 정도 식으면 가는 체로 걸러낸다. 먹을 때는 사용할 만큼만 양을 덜어내고 본인이 좋아하는 맛 정도의 농도가 되게끔 물을 더해 조절하면서 먹는다.

* 솔덤 : 자두의 교배종. 겉껍질은 녹색이며 과육은 붉은 빛을 띠고 맛은 새콤달콤하다.

대석조생 자두 콩포트

처음 자두 콩포트를 먹었을 때의 감동은 지금도 잊을 수 없습니다.
단지 과일을 설탕물에 졸인 것뿐인데도 강하게 느껴지는 풍부한 향과 신맛.
그리고 그것이 이 과일 본래 가지고 있는 개성이자 장점이라고 깨달은 순간 이 자두 콩포트에
완전히 매료되었습니다. 콩포트는 보존성이나 맛을 더하는 목적뿐만 아니라 과일 자체의 개성을
끄집어내어 보다 맛있게 만들어 줍니다. 자두 콩포트는 저에게 그 사실을 일깨워주었고
이 책에 있는 콩포트 만들기 레시피의 출발점이라고도 할 수 있는 소중한 것입니다.

재료

자두(대석조생) ··········· 700g(껍질은 벗긴다)
그래뉴당 ················ 180g
물 ······················ 540g(설탕의 3배)
자두의 껍질 ············· 전체의 약 1/4정도 양

주의점 & 사전준비

- 자두의 껍질은 칼로 얇게 벗긴다. 껍질을 잡아당겨서 벗기면 표면이 울퉁불퉁해져 모양이 나빠질 뿐만 아니라 시럽도 탁해지기 쉽다.
- 미리 사용하려는 평평한 냄비에 자두를 넣어서 배열해 본다. 냄비 크기에 딱 맞게 들어가는 개수에서 1개를 더한 자두의 양만 사용한다(껍질을 벗겨서 배열해 보면 자두 주변에 작은 자두 하나 정도는 더 들어갈 수 있기 때문이다).

POINT!

○ 다 졸여낸 시럽에 자두를 넣어서 아주 살짝 기다린 다음 바로 불을 끈다. 시럽에 남아 있는 열로 자두를 더 익히고 온도가 내려가면서 저절로 자연스럽게 시럽이 과육에 스며들게 되어 신선한 콩포트가 완성된다.

○ 자두류를 콩포트로 만들 때에는 약간 딱딱한 자두를 쓰는 것이 좋다.

○ 자두 껍질의 일부를 넣어서 자두 특유의 신맛과 향 그리고 옅은 분홍색을 만들어 낸다.

○ 콩포트를 졸일 때는 과실끼리 겹쳐지 않을 정도로 넓고 평평한 냄비를 사용하고, 또 과실이 시럽에 완전히 잠기도록 한다(시럽이 제대로 스며들지 않은 부분부터 갈변하기 시작한다). 시럽이 적은 경우는 과실이 완전히 잠길 만큼 뜨거운 물을 넣고 그 양의 1/3〜1/4 정도의 설탕을 더 넣는다.

○ 평상시 보관할 때나 졸이는 중에는 과일이 떠오르기 때문에 졸이는 중이나 보관할 때 종이 덮개로 잘 덮어 준다.

01 자두 껍질을 얇고 깨끗히 벗기고 약 1/4 정도의 껍질을 따로 덜어 놓는다. 껍질 중에서도 최대한 빨간 부분을 사용하면 상큼한 분홍색으로 콩포트를 완성할 수 있다.

02 평평한 냄비에 물과 그래뉴당을 넣어서 졸여 낸다.

03 완전히 끓으면 불을 약하게 해서 자두를 살며시 넣는다. 자두가 완전히 시럽에 잠기지 않으면 뜨거운 물과 그 물의 1/3~1/4 정도 되는 그래뉴당을 더 넣는다.

04 그 다음 1에서 덜어 두었던 껍질을 넣어 둥글게 자른 유산지로 종이 덮개를 만들어 자두를 덮는다.

05 냄비 중심부에서 완전히 팔팔 끓어오르면 30초 뒤에 불을 끈다. 실리콘 주걱으로 자두를 위아래로 뒤집으면서 남은 열로 좀 더 익혀준다.

06 표면이 건조해지지 않도록 다시 종이 덮개를 덮어서 그대로 식힌다. 하루 정도 지나면 껍질의 색깔과 향이 시럽과 과육에 자연스럽게 스며든다.

사과 콩포트

자두 콩포트의 응용입니다.
남은 열로 사과를 익히는 것이 아니고
몇 분에서 몇십 분간 불에서 졸여냅니다.
강한 불로 졸이면 과육이 부서져 버리기 때문에
주의합니다.

재료

사과(홍옥)	430g(껍질과 씨는 뺀다)
그래뉴당	150g
물	600g(설탕의 4배)
레몬즙	15g
레몬 껍질	약 1/2개분
	(껍질의 표면만 얇게 깎아낸다)
키르슈 주	30g

POINT!

○ 졸이기 전에 미리 자른 사과를 평평한 냄비에 넣어서 사
과끼리 겹치는 부분이 있는지 확인한다. 과육이 졸여져서
흐물흐물해지는 것을 방지하기 위해 짧은 시간에 같은 세
기의 불로 익히는 것이 포인트.

01 사과는 껍질을 벗겨서 4등분으로 자른다. 평평한 냄비에 물, 그래뉴당, 레몬즙과 레몬 껍질을 넣어 팔팔 끓인다.

02 완전히 끓고 난 후 사과를 넣어서 사과 위에 종이 덮개를 덮고 또 냄비 뚜껑을 덮어서 약한 불로 5~6분간 졸인다. 졸이는 시간은 사과의 품종에 따라 다르다(부사 사과는 10~12분간).

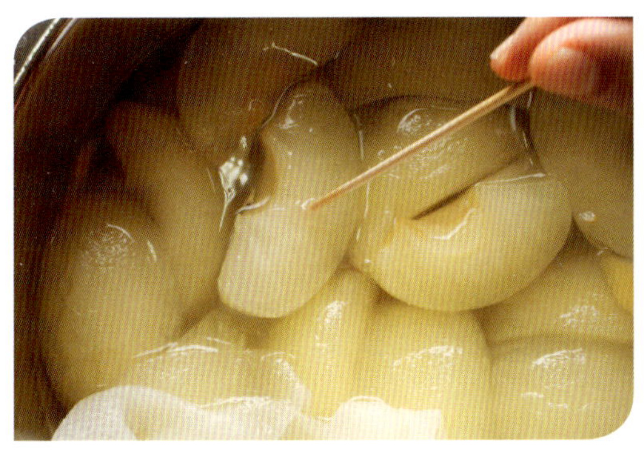

03 꼬챙이로 찔러 봐서 한번에 잘 들어가면 완성. 불은 끈다.

04 열이 다 식으면 키르슈 주를 넣는다. 레몬 껍질을 건져내고 종이 덮개를 덮어둔 상태로 식혀서 맛을 우려낸다.

금굴(낑깡) 콩포트

다른 굴에 비해서 동그랗고 작은 금굴은 향이 좋아서 껍질까지 먹을 수 있는 것이 매력입니다.
옛날에는 맨땅에 재배하니 껍질이 딱딱해져 한 번 데치고 나서야 사용할 수 있었지만
품종 개량을 거듭한 지금은 굳이 데치지 않고도
그대로 사용할 수 있습니다.

재료

금굴	……………………	500g(꼭지와 씨는 제거한다)
그래뉴당	……………	150g(금굴의 약 30%)
물	………………………	35〜50g(금굴의 약 7〜10%)

POINT!

○ 생으로도 먹을 수 있는 금굴은 한 번 데치지 않고 그대로
  설탕을 넣어서 졸인다.

○ 적은 양의 시럽으로 과일을 졸여내는 레시피이다. 한데 모
  여진 과실의 맛을 느낄 수 있다.

01 금귤은 꼭지를 떼서 가로로 반을 자른 뒤 포크의 앞부분으로 씨를 뺀다.

02 평평한 냄비에 금귤과 그래뉴당, 물을 넣어서 중간 불에 올린다. 전체를 가볍게 저어주고 뚜껑을 닫는다.

03 완전히 팔팔 끓어오르면 냄비 뚜껑 사이에서 증기가 올라오는데 이때부터 약한 불로 끓인다. 6분 정도 졸이고 뚜껑을 열어 금귤이 다 익었는지 확인한다. 금귤이 다 익었으면 불을 끈다.

04 식힐 때는 냄비째 하룻밤 그대로 놔두고 금귤에 시럽을 더 넣는다.

무화과 콩포트

* 찜기로 만든다.

일본 요리에서 힌트를 얻어서 시도해 본 찜기로 만드는 콩포트.
졸여서 흐물흐물해지거나 물만 많아지는 일 없이 무화과의 맛을 그대로 살려냅니다.
무화과에 양주가 더해져서 깊은 맛을 냅니다.

재료

무화과(중간 사이즈)······8개(무화과의 바닥 부분은 남겨두고
　　　　　　　　　　　나머지 부분은 껍질을 벗긴다)
그래뉴당·················40g(1개 당 약 5g)
키르슈 주(그랑마니에르, 브랜디도 좋다) ········ 56g

POINT!

○ 찜기에 넣을 사이즈는 원형 또는 넓적한 접시에 넣어서
　무화과를 찐다.

○ 무화과 그 자체로 디저트가 된다. 휘핑크림을 첨가해 먹
　으면 더 맛있다.

01 무화과는 졸이고 나서 흐물흐물해지는 것을 방지하기 위해 무화과 아랫부분의 지름 3cm 정도만 남기고 나머지는 얇게 껍질을 벗긴다.

02 무화과 윗부분은 십자로 칼집을 낸다. 무화과 끼리 겹쳐지지 않도록 케이크용 원형 팬이나 넓적한 접시에 배열한다.

03 무화과 1개당 그래뉴당 약 5g을 칼집 낸 부분에 뿌려 넣는다. 손가락으로 칼집을 벌리면서 설탕을 넣어도 좋다. 남은 설탕은 전체에 뿌려준다.

04 키르슈 주를 무화과 전체에 돌려가며 붓는다.

05 냄비와 뚜껑 사이에 행주를 끼워서 뚜껑이 열리는 일이 없게 한다. 뜨거운 공기가 내부에서 돌 수 있도록 약 5분간 약한 불로 찐다. 불을 멈추고 뚜껑을 연 채로 약 5분간 놔두고 남은 열로 또 익힌다.

06 무화과에서 나온 분홍색으로 된 시럽이 완성된다. 이 시럽도 감칠맛이 나면서 맛있다.

다양한 콩포트

잼과 마찬가지로 과일의 종류나 성질에 따라 콩포트 만드는 방법도 달라집니다.
처음에 시럽을 끓이고 나서 과일을 졸이는 것과 과일에 직접 설탕을 넣어서 적은 양이지만
설탕물로 직접 과일을 졸이는 것이 있습니다.

자두 콩포트
* 끓여낸 시럽에 넣어서 불에 살짝 익힌다.
→ 대석조생 자두 소다(P.143)

1

자두류나 복숭아 등 과육이 부드러운 과일
백도 콩포트, 천도복숭아 콩포트
→ 백도 젤리, 천도복숭아 젤리(P.136)

배 콩포트, 서양배 깍둑썰기 콩포트
→ 딸기와 함께한 디저트(P.49)

사과 콩포트
*시럽에서 오랫동안 졸인다.
→ 요거트와 함께 먹는 디저트(P.49)

2

크게 썰어야 하는 과일이나 과육이 딱딱한 과일
서양배와 스파이스(향신료) 콩포트
생강 설탕 절임 → 진저에일(P.143)

금귤(낑깡) 콩포트
*직접 설탕을 넣어서 졸인다.
→ 금귤과 참깨 타르트(P.68)

3

작게 잘라서 만든 것이나 불에 쉽게 익는 과일
사과 깍둑썰기 콩포트
→ 사과 크럼블 치즈케이크(P.150),
   사과 롤 케이크(P.158)

① 백도 콩포트

재료	백도	…………………300g(껍질과 씨는 뺀다)
	그래뉴당	…………………120g
	물	…………………400g(그래뉴당의 약 3.3배)

자두 콩포트(P.38)와 같은 방법으로 만든다. 백도는 4등분으로 자른 후, 끓여낸 시럽에 넣고 종이 덮개를 덮는다. 그리고 다시 한 번 완전히 끓인 후 바로 불을 끈다.

① 천도복숭아 콩포트

재료	천도복숭아	…………300g(껍질과 씨는 뺀다)
	그래뉴당	…………………150g
	물	…………………400g(그래뉴당의 약 2.7배)
	천도복숭아 껍질	………약 1/5 정도의 양

자두 콩포트(P.38)와 같은 방법으로 만든다. 천도복숭아는 4등분으로 자른 후, 끓여낸 시럽에 껍질과 함께 넣고 종이 덮개를 덮는다. 그리고 다시 한 번 완전히 펄펄 끓인 후 20초 뒤에 불을 끈다.

① 배 콩포트

재료	배(행수배)	…………………450g(껍질과 과일 심은 뺀다)
	그래뉴당	…………………120g
	물	…………………360g(그래뉴당의 약 3배)
	클로브(정향)	…………………4~5개
	시나몬스틱	…………………2cm
	레몬즙	…………………15g

자두 콩포트(P.38)와 같은 방법으로 만든다. 시럽에 클로브(정향)와 시나몬을 넣어서 끓이고, 2~3cm 각으로 자른 배와 레몬즙을 넣어서 종이 덮개를 덮는다. 그리고 다시 한 번 완전히 끓인 후 30초 뒤에 불을 끈다.

① 서양배 깍둑썰기 콩포트

재료	서양배(라 프랑스)	……300g(껍질과 심은 제거한다)
	그래뉴당	…………………45g
	물	…………………180g(그래뉴당의 약 4배)
	바닐라빈	…………………약 5cm 분
	레몬즙	…………………12g

자두 콩포트(P.38)와 같은 방법으로 만든다. 시럽에 바닐라빈을 넣어서 끓이고, 2~3cm 각으로 자른 서양배와 레몬즙을 넣어서 종이 덮개를 덮는다. 그리고 다시 한 번 완전히 끓인 후 10초 뒤에 불을 끈다.

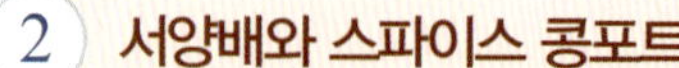

② 서양배와 스파이스 콩포트

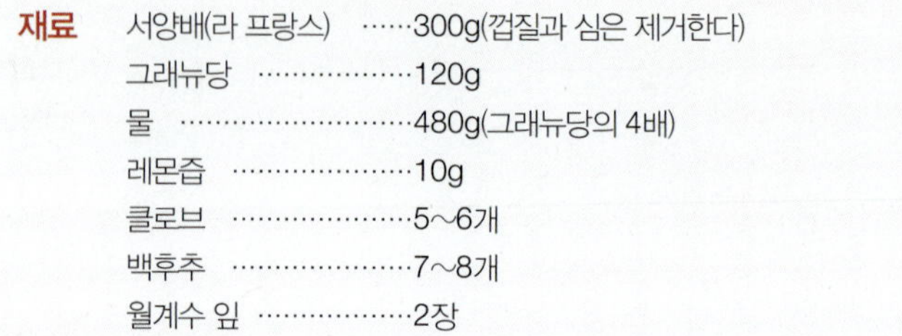

재료　서양배(라 프랑스)　······300g(껍질과 심은 제거한다)
그래뉴당　·············120g
물　···············480g(그래뉴당의 4배)
레몬즙　············10g
클로브　············5〜6개
백후추　············7〜8개
월계수 잎　·········2장

서양배는 세로로 반을 잘라서 심을 제거한다. 평평한 냄비에 서양배 이외의 재료를 전부 넣어서 끓이고 서양배를 가능한 한 빈틈이 없도록 해서 냄비 안에 넣고 종이 덮개로 덮는다. 약한 불에서 6〜8분간 졸이고 불을 끈다.

② 생강 설탕 절임

재료　생강　···············300g(껍질을 벗긴다)
그래뉴당　·············220g
물　···············400g(그래뉴당의 약 1.8배)

시럽을 끓여서 7〜8mm의 크기로 둥글게 썬 생강을 시럽에 넣어서 약한 불로 1시간 정도 졸여서 식힌다. 시럽과 함께 냉장고에서 3개월간 보존이 가능하다. 시럽과 생강을 나눠서 보관하면 1년 정도 냉동고에서 보존이 가능하다. 시럽은 진저에일로, 생강은 잘라서 시폰케이크나 파운드케이크와 함께 구워 먹어도 맛있다.

③ 사과 깍둑 썰기 콩포트

재료　사과(홍옥)　·········450g(껍질과 씨는 제거한다)
그래뉴당　············50g(사과의 약 11%)
물　···············40g
레몬즙　············6g

부사 사과의 경우
사과(부사)　·········450g(껍질과 심은 제거한다)
그래뉴당　············45g(사과의 약 10%)
물　···············12g
레몬즙　············18g

01 평평한 냄비에 2〜3cm로 자른 사과를 넣고 그래뉴당, 레몬즙을 넣어서 중간 불로 끓인다.

02 사과가 졸여지면 흐물흐물해지기 때문에 주걱으로 젓지 말고 냄비를 흔들어서 그래뉴당을 골고루 퍼지게 한다. 뚜껑을 닫고 졸인다.

03 완전히 팔팔 끓여서 냄비 뚜껑 틈 사이로 증기가 올라오면 약한 불에 1분 30초 정도 더 기다린다(부사 사과의 경우는 7〜8분간 졸인다).

04 사과를 꼬챙이로 찔러보고 한 번에 잘 들어가면 불을 끈다. 남아 있는 열로 좀 더 익힌 후, 그대로 식힌다. 하룻밤 놔두면 사과가 시럽을 전부 흡수해서 부드럽게 완성된다.

콩포트에 신선한 과일이나 요거트를 더하면 손쉬우면서 맛있는 디저트로 변신한다.

자몽 설탕 절임

감귤류의 껍질은 특유의 고급스러운 향기와 쓴맛이 있어서 설탕 절임으로 만들면 먹어도 먹어도
또 먹고 싶어집니다. 생각보다 수분의 함유량이 많아서 차를 접대할 때나 제과 재료로도 추천합니다.
여기에서는 크리스탈 슈가를 깨뜨린 알갱이로 설탕 옷을 입혀서 순한 단맛으로 완성했습니다.
그레이프 후르츠나 다른 감귤류로도 한 번 시도해보시기 바랍니다.

재료

자몽의 겉껍질 ················ 400g
그래뉴당 ······················ 한 번 데친 겉껍질의 95~100%
크리스탈 슈가(마무리용) ··· 300~400g

주의점 & 사전준비

- 크리스탈 슈가는 맛을 좋게 해주기 위해 필요한 것으로 푸드 프로세서로 어느 정도 알갱이가 있는 형태로 만든다.
- 완성된 절임은 밀폐 용기에 담아 3개월간 보관이 가능하다. 그러나 시간이 지날수록 수분이 점차 줄어들고 딱딱해지기 쉽다.

POINT!

- ○ 자몽의 겉껍질은 안쪽의 하얀 부분을 제거하지 않고 그대로 사용한다.
- ○ 한 번 데친 자몽의 겉껍질을 껍질의 양과 같은 양의 설탕으로 졸인다.
- ○ 자몽 겉껍질은 설탕을 넣어서 졸이기 전에 겉껍질이 부드러워질 때까지 데쳐낸다.
- ○ 완성된 크리스탈 슈가는 어느 정도 알갱이가 있는 형태로 부셔서 자몽에 직접 묻힌다. 크리스탈 슈가는 입자가 크고 순도가 높기 때문에 직접적인 단맛이 느껴지지 않는다. 만약에 크리스탈 슈가가 없다면 굵은 설탕을 부셔서 사용해도 좋다.
- ○ 남은 과육은 젤리(P.99)나 잼(P.35) 등으로 사용해도 좋다.

01 자몽의 겉껍질을 벗겨서 길이 6~7cm, 폭 7~8mm로 길게 자른다.

02 겉껍질의 쓰고 알싸한 맛을 없애기 위해 2번 삶는다. 평평한 냄비에 겉껍질을 다 덮을 정도로 물을 부어서 불에 올린다. 팔팔 끓으면 5~6분간 삶은 후에 물을 버린다.

03 두 번째 삶을 때는 물이 팔팔 끓으면 약한 불에 50분 정도 삶는다. 꼬챙이가 한번에 들어갈 정도로 삶는 것이 적당하다. 소쿠리에 담아서 삶은 겉껍질의 중량을 잰다.

04 평평한 냄비에 **3**의 겉껍질과 그 분량에 해당되는 그래뉴당을 넣어서 중간 불에서 끓이다가 약한 불로 낮춘다. 너무 많이 저으면 형태가 망가져 버리기 때문에 실리콘 주걱으로 아래에서 위로 크게 젓는다.

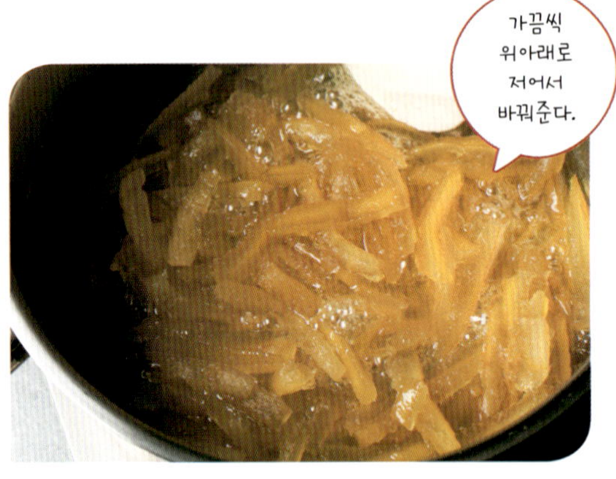

05 그래뉴당이 녹아가는 모습. 때때로 껍질을 위아래로 바꿔주면서 30~35분 정도 졸인다.

06 완전히 다 졸이지는 말고 졸인 물이 어느 정도 남아 있을 때 불을 끈다.

07 마무리용 크리스탈 슈가를 넓적한 접시에 펼쳐서 바로 **6**을 젓가락으로 돌려가며 설탕 옷을 입혀준다. 자몽이 다 식기 전에 가능한 빨리 작업한다.

08 남은 설탕을 다 뿌려주고 식힘망에 올려 상온(시원한 곳)에서 약 이틀간 건조시킨다.

유자 설탕 절임

익숙한 유자 설탕 절임을 집에서 손수 만들어 보는 건 어떨까요?
자몽 설탕 절임보다 촉촉하면서도 부드럽고
또 적당히 건조한 상태로 완성됩니다.
껍질을 부드럽게 만들기 위해 삶은 후에
설탕을 넣어서 졸이는 것이 포인트입니다.

재료

유자의 겉껍질	100g
그래뉴당	60g
유자 과즙(과육과 속껍질을 짜낸다)	10g
겉껍질을 삶고 난 물	30g

주의점 & 사전준비

- 유자는 유자마다 함유하고 있는 수분의 차이가 크기 때문에 설탕의 양이나 졸이는 시간은 요리하는 과정을 지켜보면서 판단한다.
- 너무 바짝 졸였을 경우 물을 보충해주면서 수분이 가득한 부드러운 상태로 완성시킨다.

01 유자는 겉껍질과 함께 4등분으로 잘라서 겉껍질과 그 이외의 것으로 분리한다. 씨는 빼내고 속껍질과 과육을 짜내서 과즙을 얻는다.

02 냄비에 **1**의 겉껍질과 물을 넣어서 불에 올리는데 완전히 팔팔 끓으면 5~6분간 졸이면서 삶는다.

03 다시 한 번 냄비에 겉껍질을 덮을 정도 양의 물을 넣고 약한 불에 겉껍질이 부드러워서 손으로 찢을 수 있을 정도까지 30~40분간 졸인다.

04 냄비에 **3**의 겉껍질과 유자를 삶은 물(또는 그냥 물)에 **1**의 유자즙을 넣어서 불에 올린다.

05 그래뉴당을 넣어서 약한 불에서 15분간 졸인다.

06 사진과 같이 어느 정도 수분이 남아있는 상태에서 불을 끈다. 촉촉하고 부드러운 상태로 식혀서 냉장 보관한다.

과자를 만들기 전에

버터는 '적당한 온도'로 준비한 뒤 사용합니다.

가장 작업하기 좋은 버터의 온도는 20℃ 전후. 계절에 따라 적정한 온도는 바뀔 수 있으므로 주의합니다. 봄이나 가을은 그대로 실온에 놔두지만 여름이나 실온이 25℃ 이상일 경우는 17~19℃ 정도가 적당한 온도입니다.

반대로 겨울처럼 실온이 16℃ 이하일 때는 버터를 우선 따뜻한 곳에 놔두거나 전자레인지로 20~22℃로 만들고 나서 작업을 시작합니다. 덧붙여, 이 책에서 사용하는 버터는 전부 무염버터입니다.

밀가루 종류는 사용하기 전에 체로 거릅니다.

박력분, 베이킹파우더, 설탕 가루 등은 일반적인 밀가루 체나 촘촘한 체로 미리 쳐두고 박력분은 반죽을 만들 때에도 체를 치면서 반죽을 만들어 나갑니다. 아몬드 파우더는 소쿠리나 구멍이 엉성한 체로 쳐둡니다.

달걀은 미리 알맞은 온도로 준비해 둡시다.

달걀의 온도는 20℃ 전후가 되도록 준비해서 사용합니다(적당한 온도가 다른 경우는 별도표기).

판 젤라틴 준비

판 젤라틴은 3~4cm 폭으로 자르고 상온에 젤라틴이 녹아버릴 수 있기 때문에 항상 차가운 물에 15분 이상 담가두었다가 사용하는데 사용하기 직전까지 냉장고에 넣어서 식혀 둡니다. 판 젤라틴을 사용할 때는 소쿠리에 담아 수분을 뺍니다.

바닐라빈 관리하는 방법

바닐라빈은 줄기를 세로로 칼집을 내어 바닐라빈을 양쪽으로 벌려 칼등으로 긁어서 안에 있는 씨만 빼냅니다(씨와 줄기를 함께 사용하는 경우도 있습니다). 남은 줄기는 모아두었다가 그래뉴당과 함께 믹서에 갈아(각각 같은 양으로) 바닐라 슈가를 만드는 데 사용합니다.

제스트란?

제스트는 감귤 껍질을 전용 기구로 얇고 세밀하게 잘라낸 것을 말합니다(P.16 참고).

오븐의 예열 방법 '굽는 온도 + 20~40℃'

오븐은 컨벡션 타입을 추천해 드립니다. 여기에서는 밀레회사 제품을 사용했습니다. 오븐 안에서 상하좌우로 빵에 열이 고르게 전달되고 빵이 구워지는 속도 또한 안정적입니다.

오븐의 예열은 굽는 온도에서 20~40℃ 정도 높여서 오븐이 충분히 예열된 후에 사용합니다. 전기 오븐은 문을 열어두는 것만으로도 오븐 내의 온도가 20~30℃ 정도 내려갈 수 있기 때문에 문을 열어두는 시간과 횟수를 가능한 한 줄이도록 합시다.

* 큰 숟가락 하나는 15cc, 작은 숟가락 하나는 5cc, 1cc = 1ml 입니다.

과일을 바꿔가며

사계절 내내
즐기는 디저트

다망드 타르트

이 책에서 맨 처음 소개할 과자는 가장 추천해 드리는 타르트입니다.
일반적으로 과일 타르트라는 것은 신선한 과일을 미리 구워 낸 타르트 반죽에
화려하게 올린 것이 많지만 이 타르트는 반죽과 함께 생과일을 구워서 만듭니다.
생과일은 구워지면서 과일의 맛이 더 응축되어 원래 가지고 있던 맛과는 다른 새로운 맛을 내고
크램 다망드(아몬드크림) 반죽과 어우러져 훌륭한 맛의 하모니를 보여줍니다.

맛있는 타르트를 굽는 요령은 전체를 확실히 '굽는' 것입니다.
타르트의 밑반죽인 파트 브리제와 다망드를 같이 제대로 구워내기 위해서
윗부분이 살짝 탔다 싶을 정도까지 굽는데 이렇게 굽지 않으면 밑반죽은 열에 익혀지지 않습니다.
그리고 굽고 있는 중간중간에 위에 올린 과일을 잘 관찰해 주세요.
과일이 열에 익을 때 다망드 위에서부터 슬며시 과즙이 흘러나옵니다.
이 과즙을 바짝 졸이면 천천히 증발하면서 타르트 표면이 살짝 탄 것 같이 얼룩지는데,
이 부분이 가장 맛있는 부분입니다. 과일과 다망드의 경계 부분이 건조되면서
점점 다 구워진 듯한 색이 나오면 그때가 바로 오븐에서 꺼내야 할 타이밍입니다.
제대로 굽지 않으면 수분이 남은 상태가 되어 버립니다.
또 하나의 포인트는 과일을 올리는 '양'을 지키는 것입니다.
다망드를 바르고 난 후 좋아하는 과일이라고 해서 마음대로 크림 위에 듬뿍 올려버리면
굽는 과정에서 과일이 점차 크림을 눌러 버려서 다망드 크림이 흘러넘치는 원인이 됩니다.
그렇다고 해서 과일의 양을 너무 적게 하면 속에서 부풀어 올라오는 맛있는 크림에
열이 제대로 들어가지 않아 버리니 주의합시다.

여기에서는 대석조생 자두를 시작으로 봄, 여름, 가을, 겨울에 나오는
여러 가지 제철 과일을 사용해서 만들 수 있는 타르트들을 소개합니다.
그리고 더 나아가 큰 타르트, 작은 타르트 할 것 없이 다양한 사이즈의 타르트를 소개해 드립니다.
반죽 위에 간단하게 과일 콩포트만 올려도 맛있는 타르트로 완성되므로 꼭 도전해 보십시오.
여러분의 타르트도 맛있게 완성되길 기대하겠습니다.

대석조생 자두 타르트

대석조생 자두 타르트

가장 먼저 소개할 타르트는 '대석조생 자두 타르트'입니다.
초여름에 만드는 이 타르트는 상큼한 신맛이 독특한 맛을 만들어 냅니다.
껍질을 벗기지 않은 채 굽는 것만으로도 신맛이 나는 임팩트가 있는 타르트로 완성됩니다.
집에서 손수 만든 자두 잼으로 단맛을 더합니다.

재료 20cm의 타르트 팬 1개 분

브리제 반죽(밑반죽)······220g(타르트 팬 안에 180~190g 정도를 펼쳐 넣는다) → P.64 참고

다망드 크림

발효 버터	75g
그래뉴당	75g
달걀 전체	65g
아몬드 파우더	75g
자두(대석조생)	250~280g(씨는 뺀다)
자두 잼	약 20g(또는 시중에 판매하고 있는 살구 잼) → P.28 참고

주의점 & 사전준비

- 버터는 적당한 온도로 준비한다.
- 아몬드 파우더를 체에 내려놓는다. 여름에는 차갑게 해 놓아도 좋다.
- 다망드 크림을 틀에 바르고 난 후 크림을 휴지하는 동안에 크림 위에 올려놓을 과일을 자른다. 과일은 자르고 난 뒤 시간이 지나면 여분의 과즙이 저절로 나온다. 그러면 잘 구워진 반죽이 적당한 수분을 가지게 된다.
- 자두는 껍질을 벗기지 않고 씨 부분만 빼서 4등분으로 자른다.
- 오븐을 예열해서 준비한다(굽기 적당한 온도 200℃ + 20~40℃).

POINT!

- 대석조생 자두를 반죽에 올릴 때는 껍질이 밑으로 가게 놓는다(다른 자두류도 같은 방식으로). 이렇게 하면 다망드 크림에 과즙이 너무 많이 스며드는 것을 방지하면서 과육의 수분이 적당히 증발되기 때문에 맛이 더 좋아진다.
- 위의 표면이 살짝 탈 정도까지 굽는데 다 구워졌다 싶으면 안쪽을 살짝 열어서 밑반죽을 보고 만약 아직도 하얗다면 덜 구워졌다는 뜻으로 타르트 형태를 원래대로 하여 다시 굽는다.
- 남은 타르트는 랩으로 싸서 냉장고에서 2~3일간 보존이 가능하다. 먹을 때는 따뜻하게 해서 먹는 것이 좋다. 살구, 솔덤(자두의 교배종. 겉껍질은 녹색이면 과육은 붉은 빛을 띠고 맛은 새콤달콤하다), 서양 자두로 해도 맛있게 만들 수 있다.

01 볼에 버터를 넣어서 그래뉴당을 더해 실리콘 주걱으로 꽉 짓누르며 전체를 섞는다.

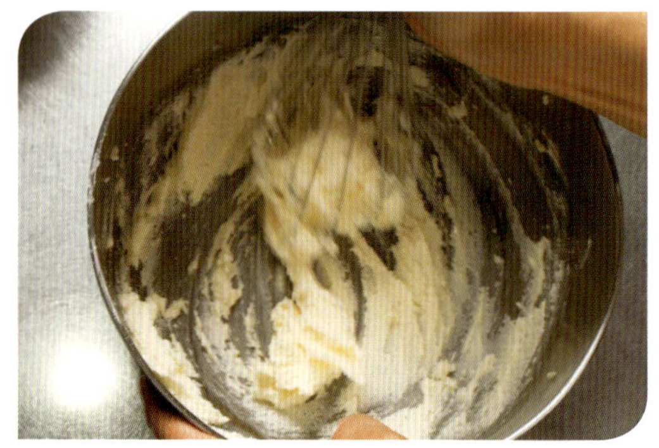

02 다음은 손 거품기를 세워 들고 12시 방향에서 6시 방향으로 크게 7~10회 정도 움직이며 섞는다. 조금씩 볼을 돌려 가면서 섞는다.

03 이를 10~15회 정도 반복하면 버터가 점차 공기를 머금어 하얗게 된다.

04 여기에 18~20℃ 정도의 계란을 세번에 걸쳐서 넣는데 그때마다 50~70회 정도 섞어준다. 처음에는 크게 저으면서 섞다가 점차 속도를 높여서 크림을 전체적으로 잘 섞이게 한다.

05 특히 여름의 경우는 크림이 금방 상하기 쉬우므로 계란을 16℃ 정도로 차갑게 해서 크림이 너무 부드러워지는 것을 방지한다.

06 아몬드 파우더를 더해서 실리콘 주걱으로 골고루 섞는다. 크림이 너무 부드러워질 것 같으면 볼을 얼음물에 담근 채로 크림을 가볍게 섞는다.

07 브리제 반죽을 펼친 타르트 팬에 **6**에서 만든 다망드 크림을 바른다. 실리콘 주걱으로 가운데는 조금 낮으면서 테두리 끝까지 반죽이 오도록 움푹한 형태로 바른다.

08 이대로 30분 정도 냉장고에서 휴지한다. 이때 과일을 준비한다.

09 자두를 **8**의 위에 빈틈없이 다음과 같은 패턴으로 나열한다.

10 자두를 다 나열한 후의 모양. 190~200℃의 오븐에서 1시간 이상 굽는다.

11 타르트 틀에서 빼내 밑반죽까지 구워졌는지 확인한다. 식힘망에 올려서 남은 열을 식히고 탄 부분은 가위로 자른다. 자두 잼을 발라 완성한다.

브리제 반죽(밑반죽) 만드는 방법과
타르트 팬에 늘이고 펼치는 방법

재료	16cm의 빵 타르트 팬 2개분	20cm 타르트 팬 1개분 8cm 타르트 팬 6개분
달걀 노른자	6g	4g 좀 넘게
물	27g	20g
그래뉴당	3g	2g
소금	2g 안되게	1g
발효버터	105g	78g
박력분	158g	118g

- 150g(1개) →
  약 110g 정도
  를 펼친다.

- 220g(20cm) →
  180~190g 정도
  를 펼친다.
- 35g(8cm 1개) →
  30~32g 정도를
  펼친다.

주의점 & 사전준비

- 버터는 적당한 온도로 준비한다.
- 박력분은 체에 내려놓는다.
- 여기에서는 굽는 타르트를 기본으로 하고 있기 때문에 지금 소개하는 것은 반죽 만드는 것부터 반죽 펼치기, 포크로 구멍 내기까지이다.

브리제 반죽(밑반죽)

01 작은 볼에 달걀 노른자와 물을 섞고 그래뉴당과 소금을 넣어서 잘 섞어준다. 냉장고에 넣어서 차갑게 해 둔다.

02 다른 볼에는 버터를 넣어서 실리콘 주걱으로 풀어주듯이 섞는다. 전체가 균일하게 부드러워지면 멈춘다. 너무 섞지 않도록 주의한다.

03 2에 박력분을 넣어서 실리콘 주걱의 가장자리로 반죽을 가르면서 섞는다. 오른쪽 위에서부터 왼쪽 밑으로 사선 방향으로 7~8회 섞으면서 볼을 90도로 돌린다.

04 3을 10회 정도 반복한다. 다음은 같은 방식으로 가르면서 섞은 반죽을 볼의 왼쪽 위로 뒤엎는다. 이 작업을 반복한다.

05 박력분의 흰 부분이 보이지 않으면서 전체가 소보로처럼 보슬보슬하게 되면 섞는 것을 멈춘다. 여기까지는 버터와 박력분이 완전히 반죽되게 하지 말 것.

06 차갑게 해 둔 1을 넣어서 3과 같은 방식으로 가르면서 섞는다.

07 수분이 잘 어우러져 전체가 촉촉해지면 천천히 힘 있게 반죽을 가르면서 섞어낸다. 실리콘 주걱을 비스듬히 해서 7~8회 움직이면서 반죽을 뭉치게 한다.

08 정리한 반죽을 랩으로 싸서 두께 2~2.5cm의 직사각형으로 가지런히 만든다. 냉장고에 하룻밤 이상 휴지한다.

09 반죽을 냉장고에서 꺼내 약 150g씩 2등분한다. 작업대에 밀가루(강력분, 분량 외)를 뿌려서 네 모퉁이를 가볍게 누르면서 각을 잡는다.

10 처음에는 딱딱하기 때문에 밀대로 가볍게 누르면서 늘린다. 중앙에서 바깥으로 중앙에서 안쪽으로 정교하게 움직여주고 이때 균등한 힘으로 누른다. 90도로 반죽의 방향을 돌려서 반복한다.

11 다시 작업대에 밀가루를 뿌리고 반죽을 90도로 돌려 이번에는 밀대를 굴리면서 반죽을 늘린다. 중앙에서 바깥으로 중앙에서 안쪽으로 반죽을 돌려가며 반복한다.

12 20~21cm 크기로 늘린다. 처음부터 전체 사이즈를 정하고 늘리는 것이 실패가 적다. 두께는 3~4mm. 너무 늘리면 반죽이 얇아지므로 주의할 것.

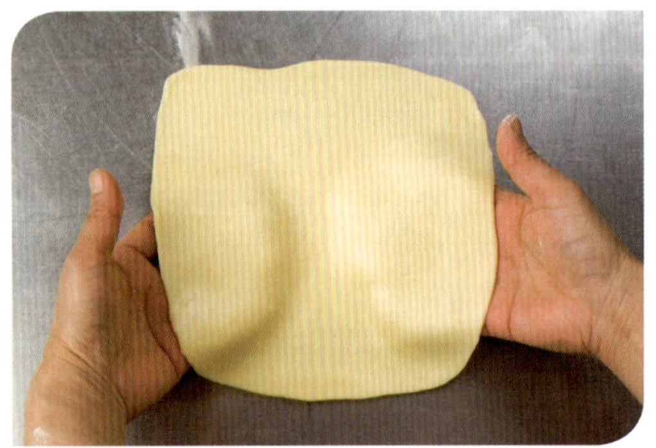

13 늘리고 난 직후에는 반죽이 순간적으로 수축될 수 있으므로 반죽 밑을 살짝 들어서 수축되는 것을 미리 방지한다. 작업 중에 반죽의 방향을 바꿀 때에는 작업대에 반드시 밀가루를 뿌린다.

14 반죽을 밀대로 조심히 들어서 밀가루가 묻어 있는 반죽 면이 위로 오게 해서 팬과 반죽의 중심을 잘 맞춰서 팬 위에 가볍게 씌운다.

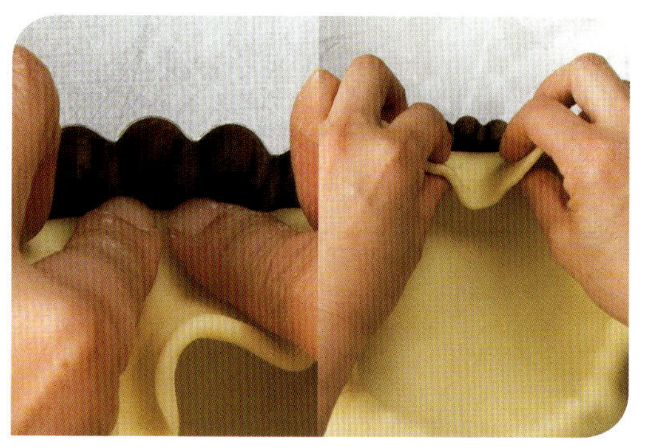 

15 팬의 밑면 전체에 확실히 늘린 반죽을 붙이고 팬 옆면의 접힌 부분까지 반죽을 잘 맞춰서 가볍게 눌러준다.

16 15의 작업을 다 하고 팬의 안쪽이나 옆면에 공기가 들어가지 않도록 팬에 반죽을 잘 밀착시키면서 팬 밖으로 나온 반죽을 바깥쪽 옆면으로 접는다.

17 팬의 윗부분을 밀대로 단단히 눌러주면서 팬 밖으로 나온 반죽을 테두리에 맞게 잘라 낸다. 잘라 낸 반죽 40g 정도가 되는 것이 기준이다. 그래서 타르트 1개에 사용한 반죽은 약 110g 정도이다.

18 팬의 밑면과 옆면을 손으로 눌러서 반죽을 팬에 밀착시키는데 이를 전체적으로 한 번 정도만 한다. 이때 20cm의 타르트 팬의 경우 사진과 같이 옆면을 손가락으로 눌러서 팬에서 3mm 정도 반죽의 테두리를 높인다.

19 반죽의 밑면 전체에 포크 끝으로 군데군데 구멍을 낸다. 사용하기 전까지는 냉장고에서 반죽을 휴지한다. 이 상태로 냉장고에서 2주간 냉동 보관이 가능하다(사진은 20cm 팬).

파트 브리제 반죽은 냉장 보관이 편리하다

파트 브리제 반죽은 팬에 넣은 상태로 냉동하면 좋다. 20cm의 타르트 팬은 팬이 얇고 아파레이유(파이 반죽 안에 넣는 충전물)가 듬뿍 들어가지 않기 때문에, 순서 18에서 3mm 정도만 반죽 테두리를 높인다. 냉동하면 테두리가 딱딱해지므로 다망드를 바를 때 테두리가 무너지지 않아서 작업하기 편하다. 또 위의 사진과 같이 다망드 크림을 바르고 나서도 냉장고에서 냉동 보관이 가능하다. 사용할 때는 냉동한 크림을 한동안 실온에 꺼내 놓아서 녹이고 그대로 과일을 얹어서 바로 오븐에 넣어 굽는다.

금귤과 참깨 타르트

재료　　　　　　　　　　　16cm의 빵 타르트 팬 1개분

브리제 반죽 ······150g(팬 안에 약 110g를 펼친다)
　　　　　　　→ P.64 참고
다망드 크림 ······200g → P.62 참고 (분량의 70%으로 만든다)
금귤 콩포트 ······100g → P.42 참고
흰 참깨 ···········약 40g

주의점 & 사전준비

• 금귤 콩포트는 소쿠리에 담아서 수분을 뺀다.
• 흰 참깨는 좋은 향기가 날 정도로 볶는다.
• 오븐을 예열해서 준비한다(굽는 온도 200℃ + 20∼40℃).

01 브리제 반죽을 펼친 팬에 다망드 크림 110g을 브리제 반죽 위에 발라서 표면을 고르게 한다.

02 금귤 콩포트를 겹치지 않게 펼쳐 놓는다.

03 남은 다망드 크림(90g)을 콩포트 위에 펼쳐 가볍게 누르면서 표면을 고르게 한다. 살짝 금귤이 보일 정도가 좋다.

04 3의 위에 볶은 참깨를 듬뿍 뿌린다.

05 크림에 붙지 않은 참깨는 털어서 200℃의 오븐에서 50분 이상 굽는다. 반죽 표면에 짙은 색이 들 때까지 구워낸다.

사과 타르트

재료

재료 16cm의 빵 타르트 팬 1개분

브리제 반죽 ·············150g(팬 안에 약 110g를 펼친다)
→ P.64 참고
다망드 크림 ·············160g
→ P.62 참고 (분량의 55%으로 만든다)
사과 (홍옥 사과) ········160g(껍질과 씨는 제거한다)
그래뉴당 ···············2~3g
크램블 반죽 ·············30~40g → P.79 참고

주의점 & 사전준비

- 사과는 세로로 5~6등분으로 나눈다.
  5~6mm 폭으로 얇게 썰어서 흐트러지지 않게 덩어리 채로
  사용한다.
- 오븐을 예열해서 준비한다(굽는 온도 200℃ + 20~40℃)
- 다른 재료로는 백도, 사과, 서양배 콩포트를 추천한다.

01 브리제 반죽을 펼친 팬에 다망드 크림을 바른다.
   가능하면 냉장고에서 30분간 휴지한다.

02 사과는 위에서부터 그래뉴당을 뿌려 **1**에 나열한다.

03 크램블을 골고루 뿌려 200℃의 오븐에서 약 50분간 굽는다.

감귤 타르트

재료
8cm의 타르트 팬 6개분

브리제 반죽 ··············	220g(팬 1개 당 각 35g씩, 팬 안에 약 30g을 펼친다) → P.64 참고
다망드 크림 ··············	170g(팬 1개 당 약 28g) → P.62 참고 분량의 약 60%으로 만든다.
감귤 제스트 ··············	소량
감귤 ·····················	약 270g(반죽 1개 당 44g. 겉껍질과 속껍질은 벗긴다)

마무리
살구잼(시중 판매품) ······	50g
감귤 과즙 ················	1개 분
감귤 제스트 ··············	소량

주의점 & 사전준비
- 감귤 겉껍질과 속껍질은 벗겨서 준비한다.
- 과육의 알갱이가 터지면 과즙이 나오기 때문에 속껍질은 칼이 아니라 손으로 신중하게 벗긴다.
- 오븐을 예열해서 준비한다(굽는 온도 180℃ + 20~40℃).

01 P.62의 **1~6**의 요령으로 다망드 크림을 만들어서 제일 마지막에 감귤 제스트를 더한다.

02 브리제 반죽을 펼친 타르트 틀에 **1**의 크림을 넣어서 중심 쪽이 낮아지는 움푹한 모양으로 크림 표면을 잘 정리한다. 가능하면 냉장고에서 20분간 휴지한다.

03 **2**의 반죽 1개당 감귤 44g 정도 올린다. 180℃의 오븐에 넣어서 반죽과 감귤의 윗면이 살짝 그을리는 정도로 35~38분간 굽는다.

04 작은 냄비에 살구 잼을 넣고 감귤 1개분의 과즙과 제스트를 넣어서 불에 올린다. 살짝 끓어오르는 정도로 끓인다.

05 **4**가 다 끓여졌다면 **3**의 타르트가 살짝 뜨거울 때 **4**를 발라서 완성한다.

서양배 타르트

재료
20cm의 타르트 팬 1개분

브리제 반죽 ··············220g(팬 안에 약 180~190g를 펼친
다) → P.64 참고
다망드 크림 ··············280g → P.62 참고
서양배(라 프랑스)········280g(껍질과 심은 제거한다)

주의점 & 사전준비

- 서양배는 세로로 5~6등분해서 4~5mm의 폭으로 얇게 자른다.
- 오븐을 예열해서 준비한다(굽는 온도 200℃ + 20~40℃).

8cm 팬에서의 여러 가지 타르트

앞 페이지의 감귤 타르트와 같은 요령으로 타르트 팬 1개당 브리제
반죽 35g(팬 안에 약 30g을 펼친다) 다망드 크림 28~32g, 과일
40~45g을 올려서 180℃의 오븐에서 35~38분간 굽는다. 뜨거울
때 살구 잼을 발라서 완성한다.

무화과 타르트

루바브와 아몬드 슬라이스 타르트

천도복숭아 타르트

플럼 타르트

01 브리제 반죽을 펼친 팬에 다망드 크림을 바른다. 가능하면 냉장고에서 30분간 휴지한다.

02 서양배를 **1**의 위에 별 모양으로 나열한다.

03 200℃의 오븐에서 60분간 이상 굽는다. 다 구우면 윗부분의 탄 부분을 칼로 도려내어
원하는 만큼 슈가파우더를 뿌려서 완성한다.

머핀

머핀도 과일을 바꿔가며 1년 내내 즐길 수 있는 디저트입니다.
반죽 속에서 나오는 찐득한 식감과 머핀의 윗부분이 오븐에 잘 구워져
바삭하면서도 입안 가득 과일의 풍미가 전해져 오는 머핀을 맛볼 수 있습니다.
이 머핀 반죽은 과일의 수분을 적당히 흡수하기 때문에
과일이 반죽에서 분리되거나 덜 구워지거나 하는 경우는 없습니다.
자두류나 바나나 등 다양한 과일과도 맛이 잘 어우러지므로 꼭 시도해 보십시오.

아메리칸 체리

아메리칸 체리 머핀

크램블 반죽

*완성작은 약 160g 정도임

‥‥‥‥‥‥‥‥‥‥‥‥‥90g(머핀 한 개당 15g)

박력분　‥‥‥‥‥‥‥‥‥‥45g

아몬드 파우더　‥‥‥‥‥‥45g

그래뉴당　‥‥‥‥‥‥‥‥33g

소금　‥‥‥‥‥‥‥‥‥‥약간

발효 버터　‥‥‥‥‥‥‥‥40g

머핀 반죽

버터　‥‥‥‥‥‥‥‥‥‥62g

브라운 슈가　‥‥‥‥‥‥‥67g

그래뉴당　‥‥‥‥‥‥‥‥17g

계란 전체　‥‥‥‥‥‥‥‥62g

박력분　‥‥‥‥‥‥‥‥‥155g

베이킹파우더　‥‥‥‥‥‥4g

우유　‥‥‥‥‥‥‥‥‥‥62g

아메리칸 체리　‥‥‥‥‥120g(잘라서 씨는 제거한다)

　　　　　　+ 장식용 체리 6개

주의점 & 사전준비

크램블 반죽

- 버터는 1cm 깍둑썰기로 잘라서 냉장고에 차갑게 해 둔다.
- 박력분과 아몬드 파우더는 각각 체에 내린다.

머핀 반죽

- 아메리칸 체리는 씻어서 물기를 닦고 반으로 잘라서 씨는 제 거한다. 장식용은 자르지 않고 꼭지도 그대로 남기고 씻는다.
- 버터는 적당한 온도로 준비한다.
- 박력분에 베이킹파우더는 합쳐서 체에 내린다.
- 머핀 팬에 머핀 컵을 끼워 넣는다.
- 오븐을 예열해서 준비한다(굽는 온도 180℃ + 20~40℃).

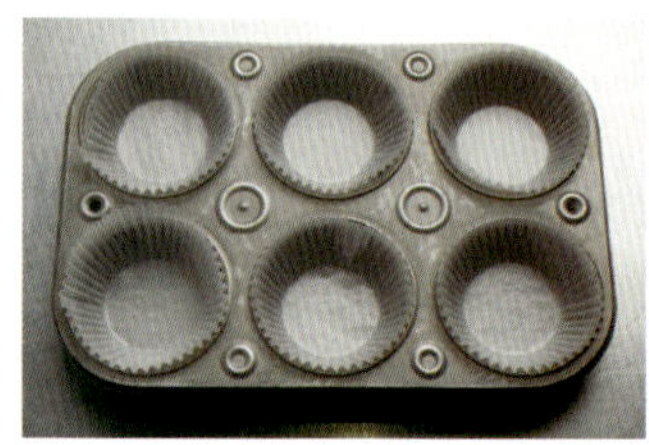

POINT!

크램블 반죽

○ 이 크램블 반죽은 크램블(P.87), 크램블 치즈 케이크 (P.150) 라임 레어 치즈 케이크(P.121) 등의 밑반죽에 폭 넓게 사용 할 수 있다.

○ 다양하게 만들 수 있기 때문에 냉동시켜 두는 것이 편리하 다. 냉동해서 3주 정도 보존이 가능하다.

머핀 반죽

○ 처음에 버터를 확실히 거품을 내고 계란을 넣어서 다시 한 번 거품을 만들어 낸다. 그러면 보다 폭신폭신하면서 가벼 운 느낌으로 입에 잘 맞는 반죽이 된다.

○ 밀가루를 너무 섞으면 글루텐이 빠져버려 반죽이 딱딱해 질 수 있으므로 주의할 것. 밀가루가 살짝 남아 있는 상태 에서 과일을 올리는 것이 딱 좋다.

01 볼에 버터 이외의 재료를 넣어서 손으로 가볍게 섞어준다.

02 차갑게 해 둔 버터를 넣어서 밀가루와 섞는다.

03 버터를 손끝으로 집으면서 반으로 부수고 또 그것을 반으로, 다시 반으로 반복해서 부수면서 계속 작게 만들어 나간다.

04 버터 알갱이가 없어져 소보로와 같은 상태가 되면 된다. 스파이스나 맛을 더할 경우에는 이 단계에서 재료를 넣어 버터에 맛이 스며들게 한다.

05 크램블의 완성 방법. 먼저 **4**의 크램블 반죽을 한 손으로 꾹 하고 5~6회 주무른다.

06 **5**의 형태를 반으로, 또 반으로 작게 떼어서 뭉쳐준다.

07 같은 방법으로 반복한다. 이때 손끝에 힘을 넣어서 하나하나 작게 뭉칠려고 하면 사각사각한 감이 없어지기 때문에 처음에 확실히 크게 뭉친 것을 잘게 떼어나간다.

08 사진과 같이 이 정도로 작게 만들어지면 완성이다. 이를 17의 머핀 반죽에 올린다. 반죽을 보관할 때는 4,5 혹은 8의 상태에서 냉장 또는 냉동 보관한다.

09 볼에 버터를 넣어서 브라운 슈가와 그래뉴당을 더한다. 실리콘 주걱으로 눌러 으깨면서 버터와 잘 섞는다.

10 버터에 설탕이 녹아 부드러워질 때까지 핸드믹서를 고속으로 3분 정도 돌려 크림화한다.

11 핸드믹서를 돌리면서 계란을 3회에 나눠서 넣는다. 1분 30초 정도씩 돌려준다.

12 사진은 버터와 계란이 같이 반죽되면서 공기를 머금어 폭신폭신해진 상태이다.

13 밀가루의 1/3 분량을 더해서 실리콘 주걱으로 섞는다. 볼의 가운데를 통과하면서 크게 섞고 안쪽에 있는 반죽을 위로 뒤엎으면서 천천히 볼을 돌리는데 이를 15회 정도 반복한다.

14 밀가루가 어느 정도 남아 있는 상태에서 우유의 반을 더해서 **13**과 같은 방식으로 8회 섞는다. 계속해서 밀가루의 1/3 분량과 우유를 각각 같은 방식으로 더해 나간다.

15 남은 밀가루를 더하고 난 후 10~12회 섞는다. 밀가루가 살짝 보이는 상태가 좋다.

16 아메리칸 체리를 넣어서 6회 정도 크게 섞는다.

17 머핀 팬에 1/6 분량의 반죽(머핀 1개당 약 90g)을 넣어서, 머핀 1개당 **8**의 결과물을 각각 15g씩 자잘하게 부수어 올린다.

18 장식용 체리를 중앙에 올리고, 180℃의 오븐에서 25분 이상 굽는다.

사과/서양배 머핀

재료	7cm의 머핀 팬 6개 분 (위아래 3개씩)

머핀 반죽 ················ '아메리칸 체리 머핀'의 반죽과 같은
양으로(머핀 1개 당 70g)

사과 잼 ················ 45g(머핀 1개당 15g) → P.24 참고

사과(홍옥) ··············· 45g(머핀 1개당 15g. 껍질과 씨는 제
거한다)

서양배(라 프랑스) ········ 90g(머핀 1개당 30g. 껍질과 씨는 제
거한다)

크램블 반죽 ·············· 50~60g
(머핀 6개 기준 1개당 7~10g)

시나몬 파우더 ··········· 1g

고수풀(알갱이) ··········· 1g

01 크램블 반죽을 P.79의 **1~4** 순서대로 만들고 그것을 반으로 나눈다. 하나는 시나몬 파우더를, 다른 하나에는 굵게 부순 고수풀을 넣어서 섞어준다. 계속해서 **5~8**의 순서대로 형태를 잡는다.

02 머핀 반죽을 P.80의 **9~15** 순서대로 만든다. 머핀 반죽의 반만(35g)팬에 넣는다. 사과 머핀에는 사과 잼을 넣고 남은 반죽을 넣어서 사과를 올린다. **1**의 시나몬 넣은 크램블을 첨가한다.

03 서양배 머핀에는 속 필링과 토핑 모두 서양배를 사용하고 **1**의 고수풀을 넣은 크램블을 올린다.

04 180℃의 오븐에서 25~30분간 굽는다.

금귤/감귤 머핀

<table>
<tr><td>

재료

7cm 머핀 틀 6개분(위 아래 3개씩)

머핀 반죽 ················ '아메리칸 체리 머핀'과 같은 양
(머핀 1개당 70g)

금귤 ················· 60g + 장식용
(머핀 1개당 20g. 꼭지와 씨는 뺀다)

그래뉴당 ················ 적당한 양

감귤 ················· 60g + 장식용
(머핀 1개당 20g. 겉껍질과 속껍질은
제거한다)

크램블 반죽 ··········90g(머핀 1개당 15g)

참깨 ···················4g

감귤 제스트 ···········소량

</td><td>

주의점 & 사전준비

• 감귤은 손으로 정성스럽게 껍질을 벗겨서 적당하게 나눈다.

• 참깨는 검은 깨든 흰 깨든 아무것이나 해도 상관없다. 사용하기 전에 좋은 향이 날 때까지 볶아 둔다.

• 오븐을 예열해서 준비한다(굽는 온도 180℃ + 20～40℃).

</td></tr>
</table>

01 크램블을 P.79의 **1~4**의 순서대로 만들고 반
으로 나눠서 한쪽 반죽에는 깨를, 다른 반죽
에는 감귤 제스트를 넣어서 섞어준다. 계속해서 **5~8**의
순서대로 형태를 잡는다.

02 금귤은 1/4로 잘라서 사용하기 직전에 그래
뉴당을 뿌린다.

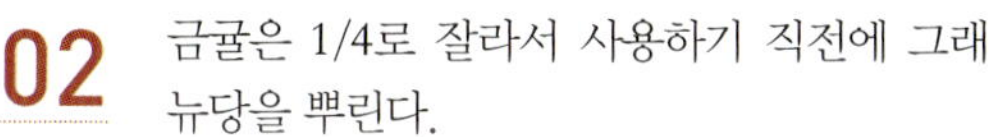

03 머핀 반죽을 P.80의 **9~15**의 순서대로 만든
다. 반죽의 반만(35g) 팬에 넣은 후 과일을 넣
고 남은 반죽을 위에 더 올린다.

04 **3**에 장식용 과일을 올려서 **1**을 잘라가면서 올
린다. 이때 금귤에는 참깨를 넣은 크램블을,
감귤에는 제스트를 넣은 크램블을 올린다. 180℃의 오
븐에서 25분 이상 굽는다.

크럼블

쉽게 구할 수 있는 과일과 손수 만든 반죽을 한데 합쳐 손쉽게 만드는 디저트입니다.
이 반죽은 수분이 들어가지 않고 아몬드 파우더를 사용하기 때문에 너무 많이 섞거나
너무 많이 반죽해도 반죽이 딱딱해질 일 없이 항상 사각사각한 식감을 즐길 수 있습니다.
과일은 생과일이든 콩포트든 상관없이 좋아하는 과일을 2~3개 정도 골라서 넣고
혹여 맛이 살짝 부족하다고 느껴진다면 신맛이 나는 과일을 하나만 첨가해도
과일들의 맛이 잘 어우려져 더욱 멋진 맛의 하모니를 이루어냅니다.
혹 크럼블이 차가워졌다면 따뜻하게 데워서 드세요.

사과 크럼블

재료　　　직경 18cm, 약 500ml의 그라탕 접시 1개 분

사과(홍옥) ················350g(껍질과 씨는 제거한다)
바닐라 줄기 ············1~2개
건포도 ················30g
호두 ················40g
그래뉴당 ············3~5g
크럼블 반죽 ············약 160g → P.79 참고

주의점 & 사전준비

- 사과는 2cm 깍둑썰기로 자른다.
- 바닐라 줄기는 씨를 제거하고 남은 것이 좋다.
- 건포도는 가볍게 씻는다.
- 호두는 160℃의 오븐에서 7~8분간 향기가 날 정도로 로스트 한다.
- 오븐을 예열해서 준비한다(굽는 온도 180℃ + 20~40℃).

01　내열 접시에 버터(분량 외)를 바른다.

02　전체가 평평해지게 사과를 펼친다. 바닐라 줄기를 올리고 건포도는 전부, 호두는 반만 넣는다.

03　크럼블 반죽을 P.79~P.80의 **1~8**의 순서대로 만들고 **2**에 올린다. 남은 호두를 다 뿌리고 180℃의 오븐에서 크럼블을 구워서 색깔이 나올 때까지 30~40분간 굽는다.

서양배와
블루베리 크램블

재료
14 x 14cm 그라탕 접시 1개분

서양배(라프랑스) ········200g(껍질과 심은 제거한다)
블루베리(냉동) ··········60g
믹스 스파이스 ··········1g

크램블 반죽 ··············약 130g
→ P.79 참고

주의점 & 사전준비

- 서양배는 세로로 4등분하고 나서 1cm 폭으로 자른다.
- 믹스 스파이스는 각 분말 시나몬 2.5, 넛맥 1, 진저 2, 클로브 1, 아니스 2의 배합으로 맞춘다. 만약 믹스 스파이스 재료가 없다면 시나몬만 넣어도 상관없다.
- 오븐을 예열해서 준비한다(굽는 온도 180℃ + 20~40℃).

01 내열 접시에 버터(분량 외)를 바른다.

02 볼에 서양배를 넣고 믹스 스파이스를 더해 잘 섞고 블루베리를 첨가한다.
1의 접시에 넣는다.

03 크램블 반죽을 P.79~P.80의 **1~8** 순서대로 만들고 **2**의 위에 올리고
180℃의 오븐에서 35~40분간 굽는다. 테두리 부분이 끓어오르고 크램블의 일부가
적당히 잘 구워진 갈색이 나오면 완성.

크로스타타

비스켓 반죽에 잼이나 마멀레이드를 채워서 굽는 이탈리아 전통과자, '크로스타타'.
의외로 소프트한 맛이 나는 파스타 프롤라라고 하는 반죽을 만듭니다.
보슬보슬하면서도 부드러운 식감이 특징입니다.
작은 사이즈로 만들어서 집에서 만든 수제 잼으로 데코레이션을 해 봅시다.
시칠리아에 살고 있는 요리 연구가 사토 레이코로부터
전수받은 레시피를 조금 변형해 보았습니다.

크로스타타

크로스타타

재료   10.5cm 타르트 팬 3개분

발효 버터 ················82g
그래뉴당················75g
계란 노른자 ··············32g
물····················20g
세몰리나 가루 ···········100g
박력분················100g
원하는 잼 ··············120g
(여기에서는 딸기 잼, 루바브잼, 감귤 마멀레이드를 각 40g씩 사용)

주의점 & 사전준비

- 버터는 적당한 온도로 준비한다.
- 세몰리나(일반 밀가루보다 더 거칠고 오톨도톨하다. 주로 파스타를 만드는 데 사용한다) 가루와 박력분을 합쳐 체에 내린다.
- 세몰리나 가루는 카푸토 리마치나타(듀럼밀을 곱게 제분하여 만든 밀가루로 색이 노란 것이 특징이다. 현재 시중에 있는 세몰리나 제품 중 가장 고운 입자를 가진 제품) 제품을 사용했다. 이 가루는 이탈리아에서 온 딱딱한 질감의 밀가루로 입자가 미세하면서 곱다.
- 살짝 녹은 버터를 팬에 바른다(분량 외).
- 오븐을 예열해서 준비한다(굽는 온도 180℃ + 20~40℃).

POINT!

- ㅇ 박력분과 세몰리나 가루를 같은 양으로 합쳐서 보슬보슬한 식감이 나는 반죽으로 만든다.
- ㅇ 매우 부드러운 반죽이기 때문에 냉장고(또는 냉동고)에서 휴지하고 난 후 작업을 시작하고, 랩을 씌운 상태에서 반죽을 늘리고 펼치는 편이 좋다.
- ㅇ 랩을 사용한 작업은 손쉬울 뿐만 아니라 들러붙지 않기 위해 작업대에 뿌리는 밀가루 사용도 줄일 수 있어 반죽이 밀가루 범벅이 되는 것을 방지한다.

01 볼에 버터와 그래뉴당을 넣어서 실리콘 주걱으로 눌러 으깨면서 섞는다.

02 손 거품기로 하얗게 될 때까지 섞는다. 하얗게 된 상태가 딱 반죽 상태가 좋을 때이기 때문에 더 이상 섞지 말 것.

03 계란 노른자를 2회에 걸쳐서 더한다. 그때마다 손 거품기로 잘 섞일 때까지 섞는다.

04 물을 조금씩 넣으면서 잘 섞어준다.

05 사진은 반죽이 한데 잘 뭉친 상태. 전체적으로 공기를 너무 포함하지 않도록 주의한다.

06 밀가루류를 합쳐 체에 내리면서 넣는데 실리콘 주걱으로 볼에 오른쪽 위에서부터 왼쪽 아래 방향으로 누르듯이 밀가루를 섞어 간다. 이때 반죽을 마구 섞어서 반죽하지 않도록 주의한다.

07 처음에는 섞기 힘들지만 점차 반죽되어 간다. 반죽 자체도 꽤 부드럽다. 반죽이 다 되면 그 이상은 섞지 말 것.

08 80g씩 3개로 나눈다. 남는 것은 남는 것끼리(약 160g) 정리한다. 각각 랩으로 싸서 평평하게 만들어 냉장고에서 30분 이상(또는 냉동고에서 10분간) 휴지한다.

09 8에서 나눈 80g의 반죽 3개를 각각 2장의 랩으로 앞뒷면을 덮어 씌워 랩 위를 밀대로 밀고 반죽을 13cm 정도의 둥근 형태로 늘인다(두께 4~5mm).

10 랩 1장을 벗겨서 랩이 있는 면을 위로 오게 해서 팬에 씌워 펼친다. 팬의 테두리에 반죽을 잘 펼친다.

11 윗면에는 랩이 있는 상태로 냉장고에서 30분간(또는 냉동고에서 10분간) 휴지한다.

12 11을 냉장고에서 꺼내 랩을 벗겨서 팬 바깥으로 나온 반죽을 칼로 잘라 낸다.

13 가볍게 포크로 구멍을 내어 좋아하는 잼을 각 잼 당 40g 정도 반죽 위에 올린다.

14 8의 160g의 반죽을 동일한 방법으로 2장의 랩으로 덮어 씌워서 늘린 후 물결 형태의 파이커터로 자른다. 10.5cm의 팬에 맞춰서 11 × 1.2cm의 반죽을 12자루(타르트 하나당 각 4자루씩) 만든다.

15 파이커터로 자른 반죽을 13에 올린다. 타르트 팬의 테두리에 물결 테두리 반죽의 끝을 가볍게 붙이고 밖으로 나온 남는 반죽은 자른다.

16 같은 방법으로 물결 테두리 반죽을 교차시켜서 완성한다. 180℃의 오븐에 넣어서 가볍게 그을리는 정도까지 30~35분간 굽는다.

사계절 내내
제철 과일을 맛볼 수 있는 디저트

감귤 젤리

감귤로 만드는 상큼한 젤리입니다.
왕귤, 그레이프 후르츠로 젤리 만드는 것도 추천해 드립니다.
과일에 맞게 설탕의 양을 조절해서 만듭니다.

재료　　　　　　　　　　　　6cm의 젤리 팬 5개분

물 ·······················70g
그래뉴당 ···············45g
판 젤라틴 ···············7g
감귤 과즙 ···············300g
레몬즙 ···················5g
감귤 제스트 ············소량

주의점 & 사전준비

판 젤라틴은 물에 담가서 냉장고에서 차갑게 해 둔다.

01　냄비에 물과 그래뉴당을 넣어서 불에 올린다.
다 끓어오르면 불을 끄고 판 젤라틴을 넣어서 녹인다.

02　과일 착즙기로 짜낸 감귤 과즙과 레몬즙을 합쳐서 볼에 넣는다.
1이 뜨거울 때 합쳐진 감귤 과즙과 레몬즙을 여과하면서 한데 섞는다.
볼을 얼음물에 담가서 차갑게 한다.

03　살짝 걸쭉해지면 물로 살짝 적신 젤리 틀에 부어서
냉장고에서 5시간 이상 굳힌다.

04　45~50℃ 사이의 뜨거운 물에 젤리 틀을 담가서 불려 젤리를 틀에서 **빼** 낸다.
접시에 담아서 감귤 제스트를 뿌린다. 기호대로 시럽에 탄 감귤 과즙(분량 외)을 뿌리면
식감이 더 좋아진다.

레몬 커드 크림 타르트

구워 낸 슈크레 반죽에 레몬 커드 크림을 채워서 만듭니다.
레몬의 신맛이 두드러짐과 동시에 버터의 순한 맛이 입안 가득 여운을 남기는 맛입니다.
슈크레 반죽은 간단하게 아몬드 파우더를 더해서 완성합니다.
반죽을 가능한 한 살짝 굽는다면 순한 레몬크림의 맛을 더 즐길 수 있습니다.

재료   8cm의 타르트 팬 4개분

슈크레 반죽

발효 버터	100g
슈가파우더	62g
계란 전체	37g
아몬드 파우더	25g
박력분	180g

레몬 커드 크림

발효 버터	48g
버터	48g
계란 전체	62g
그래뉴당	58g
레몬즙	58g
레몬 제스트	약 1/4 개분
레몬 껍질(장식용), 그래뉴당	각각 소량

주의점 & 사전준비

- 버터는 적당한 온도로 준비한다.
- 박력분과 아몬드 파우더는 각각 체에 내린다.
- 오븐을 예열해서 준비한다(굽는 온도 180℃ + 20~40℃).

01 볼에 버터와 슈가파우더를 넣는다. 실리콘 주걱으로 눌러 으깨면서 한데 잘 섞는다.

02 손 거품기를 볼의 안쪽에서 안쪽 방향으로 향해 힘 있게 크게 움직이면서 7~8회 정도 섞는다. 조금씩 볼을 돌려가면서 반죽이 얼룩덜룩하지 않게 섞는다.

03 반죽이 하얗게 되면 계란 전체를 3회에 걸쳐서 더해준다. 그때마다 **2**와 같은 방식으로 크게 섞는다.

04 계속해서 아몬드 파우더를 더한다. 실리콘 주걱으로 크게 섞으면서 반죽과 잘 뭉치게 한다.

05 박력분을 체에 내리면서 더한다.

06 처음은 반죽하기 힘들지만 실리콘 주걱으로 볼의 오른쪽 위에서부터 왼쪽 아래로 반죽을 누르면서 뒤집고 다시 반죽이 왼쪽으로 오면 밑에서 반죽을 또 뒤집는다. 이를 반복한다.

07 밀가루가 없어지면 실리콘 주걱으로 반죽을 눌러 으깨면서 한데 모은다.

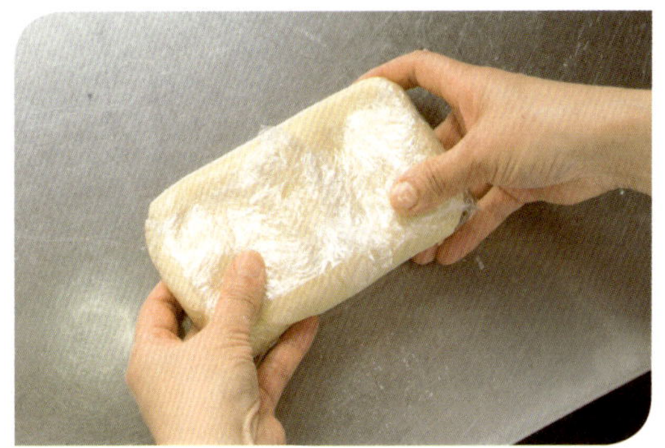

08 랩을 길게 해서 반죽을 올려 포장한 후 9 × 16 cm의 직사각형으로 모양을 잡아서 냉장고에서 하룻밤 휴지한다.

반죽 늘이기부터 굽기

09 휴지한 반죽의 1/3 양을 사용한다. 반죽을 36g씩 잘라 내어 밀대로 10cm의 원형(두께 2~3mm로 늘인다)

10 반죽을 팬에 맞춰서 펼친다. 옆면도 팬에 잘 밀착시킨다.

11 밖으로 튀어나온 테두리의 여분을 잘라낸다. 팬에 펼친 양은 약 32g 정도 된다.

12 포크로 구멍을 내어 냉동고에서 1시간 이상 휴지한다.

13 팬에 맞춰 알루미늄 컵에 넣은 타르트 누름돌을 테두리까지 채워 넣어서 180℃의 오븐에서 23~25분간 굽는다.

14 다 구워지면 팬에서 빼내어 식힘망에 올려 식힌다.

레몬 크림

15 작은 볼에 두 종류의 버터를 하나로 합쳐서 중탕으로 녹이는데 버터의 온도를 36℃ 전후로 한다.

16 다른 볼에 계란 전체를 풀어서 그래뉴당을 더해 손 거품기로 잘 섞는다.

17 여기에 레몬즙과 레몬 제스트를 더한다.

18 15의 버터를 더해 부드럽게 합친다.

19 냄비에 넣어서 중간 불로 끓인다. 실리콘 주걱으로 냄비 안의 내용물을 쉬지 않고 계속 섞어준다. 부글부글 끓어오르면 약한 불로 한다.

20 1분 30초에서 2분 정도 끓여서 걸쭉해지면 불을 끄고 체망에 거른다.

21 볼 전체를 얼음물에 담근 채로 가볍게 저어주면서 26℃ 정도까지 식힌다. 너무 차갑게 하지 않도록 주의한다.

22 **14**의 슈크레 반죽에 부어서 냉장고에서 5시간 이상 식힌다. 타르트 위에 레몬 껍질을 얇게 썰어 놓은 것과 그래뉴당을 뿌려서 장식으로 마무리한다.

바나나 브레드

바나나가 듬뿍 들어 있어 바나나 향이 강한 디저트입니다.
아몬드 파우더가 들어가서 수분이 적기 때문에 무거운 반죽으로 완성되지 않습니다.
그냥 먹을 수 있는 간식으로는 물론, 단맛이 살짝 있어서 아침 대용으로도 적당합니다.

재료   20cm 파운드 팬 1개분

재료	분량
발효버터	48g
그래뉴당	35g
브라운 슈가	25g
계란 전체	33g
아몬드 파우더	30g
박력분	90g
베이킹파우더	4g
바나나(완전히 익은 것)	180g(껍질을 벗겨서 양쪽 끝을 자른다)
레몬즙	6g

주의점 & 사전준비

- 버터는 적당한 온도로 준비한다.
- 아몬드 파우더는 체에 내린다.
- 박력분과 베이킹파우더를 합쳐서 체에 내린다.
- 팬에 맞춰서 오븐페이퍼를 펼쳐놓는다.
- 오븐을 예열해서 준비한다(굽는 온도 180℃ + 20~40℃).

01 바나나는 포크의 납작한 면으로 으깨서 레몬 즙과 섞어둔다.

02 볼에 버터를 넣고 그래뉴당과 브라운 슈가를 더해 실리콘 주걱으로 눌러 으깨면서 섞는다.

03 전체가 잘 섞였다면 핸드믹서를 고속으로 3 분간 돌린다. 크림처럼 부드러워지면서 하얗게 된다.

04 여기에 계란 전체를 2회에 걸쳐서 넣는데 그 때마다 핸드믹서로 2분씩 돌린다.

05 실리콘 주걱으로 바꿔서 체에 내린 아몬드 파우더를 더해서 크게 섞어준다. 잘 섞일 때까지 섞어 준다.

06 1을 더해서 같은 방식으로 섞으면서 잘 저어 준다.

07 밀가루를 체에 내려서 더한다. 주걱을 세워서 볼에 오른쪽 위에서부터 왼쪽 밑으로 사선 방향으로 반죽을 누르면서 천천히 움직이는데 왼쪽 밑에서 반죽을 뒤엎는다. 이것을 30~35회 반복한다.

08 다 섞인 상태. 밀가루가 보이지 않을 때까지 한다. 너무 많이 섞어도 좋지 않다.

09 유산지를 펼쳐 넣은 팬에 반죽을 붓는다. 이때 반죽은 팬의 반 정도만 넣는다. 180℃의 오븐에서 40~45분간 굽는다.

10 반죽의 갈라진 틈에 살짝 그을린 듯한 색이 생기면 다 구워진 것. 마지막으로 반죽을 팬에서 빼내 식힘망에 올려서 식힌다.

오믈렛 바나나

재료   4개분

캐러멜 소스

생크림	36g
우유	19g
그래뉴당	40g
물엿	8g
바나나	작은 것 3자루(4등분을 한다)
생크림	200g
우유	8g
그래뉴당	10g
제누와즈 반죽	4장(15cm의 원형 1개분)

→ P.145 참고

캐러멜 소스

01 볼에 생크림과 우유를 섞고 중탕으로 40℃까지 따뜻하게 데운다.

02 작은 냄비에 불을 올려서 그래뉴당을 넣는다. 그리고 팔팔 끓여서 짙은 갈색이 되면 불을 끈다. 푸딩의 캐러멜 색보다 진하게 한다.

03 여기에서 **1**을 3회에 걸쳐 넣고 그때마다 실리콘 주걱으로 잘 저어준다. 캐러멜이 튀기 때문에 주의한다. 전부 잘 섞이면 물엿을 넣는다.

04 다시 한 번 불을 올리고 완전히 다 끓으면 불을 끄고 식힌다. 냄비의 크기나 캐러멜을 젓는 방식에 따라서 그대로 덩어리가 되어버릴 수 있기 때문에 주의한다.

05 볼에 생크림, 우유, 그래뉴당을 넣어서 얼음물에 담근 채 핸드믹서로 8분간 휘핑한다.

06 제누와즈를 얇게 자르는데 제누와즈 옆 양쪽에 받침대를 받쳐서 1cm의 두께로 자른다. 총 4장을 만든다.

07 작업대에 랩을 펼쳐서 **6**의 제누와즈 1장을 놓는다. 모양이 깨끗한 쪽을 밑(바깥 부분)으로 한다. 모양 깍지를 씌운 짤 주머니에 **5**를 넣어서 중앙에 가로 일직선으로 짠다.

08 사진과 같이 생크림을 가로로 놨을 때 본인 몸에 가까운 쪽에 바나나를 놓고 그 위에 **4**의 캐러멜소스를 숟가락으로 올린다. 티스푼으로 두 스푼 정도이다.

09 그리고 다시 그 위에 생크림을 짠다.

10 바깥에서 몸 쪽 방향으로 반으로 접어서 제누와즈로 바나나와 크림을 감싸는데 양쪽 끝을 확실히 맞춰서 랩으로 만다.

11 10을 가로로 본 것이다.

12 잠시 그대로 놔둬 생크림과 바나나가 모양 잡히게 한다. 접시에 올릴 경우에는 생크림이나 캐러멜 소스, 슈가파우더(전부 분량 외) 등으로 데코레이션을 하면 좋다.

특이한 매력의 루바브(식용 대황)

영국이나 미국의 과자 레시피에 자주 등장하는 루바브 파이나 루바브 타르트, 루바브 크램블을 본 적이 있나요? 루바브라는 단어가 주는 어감은 이국적이라서 옛날부터 사용보고 싶었던 식재료였습니다. 지금은 일본에서도 재배지가 늘어나고 있어서 운영하고 있는 동경 코카네이의 JA 직매소에서도 초여름부터 가을에 걸쳐 신선한 루바브를 볼 수 있게 되었습니다.

언뜻 보면 마치 고구마줄기와 같은 딱딱하면서도 빨간색과 초록색의 긴 줄기와 커다란 잎이 강한 인상을 주지만, 줄기를 둘로 잘라서 끓이기만 해도 루바브의 맛이 나서 손질하기도 쉽고 다른 것에서는 맛볼 수 없는 강한 신맛이 있어 잼이나 과자의 필링으로 딱 입니다.

나가노현 가미미노치군 시나노 마을의 히라츠카 아키오씨와 그의 동료분의 농원과 인연이 된 지 십년 이래 꾸준히 히라츠카 아키오씨에게 루바브를 주문해 오고 있습니다.

시나노 마을은 알려지지 않은 루바브의 명산지로 루바브를 재배한 역사가 길어서 루바브 생산으로는 일본 내에서 손꼽히는 곳입니다. 수확 시기는 5월에서부터 서리가 내리면 11월 정도까지로 시기가 길기 때문에 신선한 루바브를 여러 가지 디저트에 넣을 수 있습니다.

보통 재료로 사용되는 것은 줄기지만 줄기 끝부분을 따로 뗄 필요 없이 그대로 잘라서 불에 올리면 바로 불에 구워집니다. 루바브는 적당한 수분을 가지고 있고 또 섬유질도 많아서 끓일수록 걸쭉해지기 때문에 필링으로 써도 사용하기 쉽고 또 버터나 계란과도 상성이 좋습니다. 끓일 때에는 도무지 과자가 되리라고는 생각할 수 없는 이상한(!) 냄새가 나지만 완성되면 그 독특한 향과 강한 신맛의 매력에 빠지게 됩니다. 또 재밌게도 이 맛 때문에 이 독특한 루바브를 자꾸 찾게 됩니다.

가까운 노지리 호숫가에 거주하는 외국인 선교사에 루바브 재배를 부탁받은 것이 시나노 마을에서 루바브 재배가 시작된 계기랍니다. 남쪽 시베리아가 원산지인 루바브는 해발이 높고 서늘한 시나노 마을이 루바브 재배하기 딱 적당한 지역으로서 특별한 노력을 들이지 않고도 단단하고 두툼한 루바브를 한 시즌 내내 같은 가격으로 만날 수 있습니다.

타르트 카프리스

타르트 카프리스

유산지를 펼친 팬에 반죽을 부어서 과일을 올려서 굽는 것이 끝.
따로 펼쳐 늘이는 반죽도 필요 없는 손쉽고 심플한 타르트입니다.
카프리스라는 것은 "귀여운 여자 아이 같은 변덕스러움"이라는 뜻으로 고수풀의 향기와 루바브의 신맛이
아몬드의 풍미와 하나가 되어 초여름에 딱인 상쾌하고 매력적인 맛을 냅니다.

지름 12 × 높이 3.3cm의
원형 케이크 팬 2개분

재료	
고수풀(알갱이와 파우더)	합계 3g
발효 버터	76g
브라운 슈가	62g
계란 노른자	37g
생크림	10g
아몬드 파우더	36g
박력분	70g
베이킹파우더	3g
루바브	180g
계란 노른자	10g
그래뉴당	33g
아몬드 슬라이스	33g

POINT!

○ 고수풀은 알갱이와 파우더를 반씩 합쳐서 더 좋은 향기가 나도록 만든다. 알갱이는 작은 입자 정도로 빻아서 사용한다.

○ 루바브의 위에 그래뉴당과 계란 흰자, 아몬드 슬라이스 섞은 것을 올려서 굽는 것이 카프리스 표면이 말끔하고 향기도 더 좋게 만들어 식감이 좀 더 강조된다.

○ 과일은 살구, 백도, 파인애플로도 맛있게 만들 수 있다.

주의점 & 사전준비

• 버터는 적당한 온도로 준비한다.

• 박력분과 베이킹파우더를 합쳐서 체에 내린다.

• 루바브는 신선한 것을 사용한다.

• 줄기만 2cm 정도의 길이로 자르는데 껍질은 따로 벗기지 않는다.

• 팬에 둥글게 자른 유산지를 펼쳐 놓는다. 오븐을 예열해서 준비한다(굽는 온도 190℃ + 20~40℃).

01 고수풀 알갱이는 방망이로 세밀하게 빻는다. 알갱이가 적당히 작게 남는 정도가 좋다.

02 볼에 버터와 브라운 슈가를 더해 실리콘 주걱으로 볼의 밑을 누르면서 잘 섞어준다.

03 손 거품기를 세워서 공기를 머금을 수 있도록 저어가며 섞어준다. 거품기를 세워 들고 볼의 위에서부터 아래로 크게 7회에서 8회 정도 섞는데 그때마다 조금씩 볼을 돌려준다.

04 전체가 하얗게 크림화 되면 계란 노른자를 조금씩 더하면서 3처럼 확실히 한데 섞어준다.

05 생크림을 더해서 확실히 한데 섞어준다.

06 실리콘 주걱으로 바꿔서 아몬드 파우더를 더해 섞어준다.

07 다음에는 밀가루를 더한다. 볼의 오른쪽 위에서부터 왼쪽 아래를 향해 사선 방향으로 볼의 중심을 지나면서 30~35회 섞어준다.

08 사진과 같이 밀가루가 보이지 않는 상태가 되면 섞는 것을 멈춘다. 이 이상은 섞지 말 것.

09 1에서 빻아 놓은 고수풀 알갱이와 파우더를 더해서 섞어준다.

10 오븐페이퍼를 펼친 팬에 이 반죽을 140g씩 부어서 표면을 평평히 한다.

11 루바브를 카프리스 한 개당 약 90g 정도 올린다.

12 다른 볼에 계란 흰자와 그래뉴당과 아몬드 슬라이스를 넣어서 손가락으로 뭉개면서 잘 섞어준다. 설탕이 녹아서 전체가 한데 뭉쳐지게 된다.

13 11의 루바브 위에 넓게 펼쳐서 올리고 190℃의 오븐에서 35~40분간 굽는다.

라임 레어 치즈 케이크

라임만이 가지고 있는 독특한 신맛과 상쾌함이 입안 가득 전해집니다.
여기에서는 다른 소스를 따로 첨가하지 않고 보는 것만으로도 시원한 라임젤리를 대신 더해 보았습니다.
보통 레어 치즈 케이크는 처음 맛볼 때와 두 번째 맛볼 때 느낌이 전혀 다른데
여름과 같은 더운 날 시원한 무스와 함께 꼭 드셔보십시오.

크럼블 반죽 ·············120g → P.79 참고
크림치즈 반죽
크림치즈 ················110g
그래뉴당 ················45g
계란 노른자 ···········10g
사워크림 ················37g
라임 과즙 ················45g
판 젤라틴 ···············5g 안되게
라임 제스트 ············약 1/6개분
생크림 ····················130g

라임 젤리
물 ··························70g
그래뉴당 ················70g
판 젤라틴 ···············4g
라임 과즙 ················30g
라임 제스트 ············적당한 양

주의점 & 사전준비

- 크림치즈는 20℃ 전후로 준비한다.
- 판 젤라틴은 물에 담가서 냉장고에 식혀 둔다.
- 유산지는 무스링보다 좀 더 크게 자른다.
- 요리하는 탁자 위에 원형 유산지를 펼치고 그 위에 무스링을 올려서 준비한다.
- 무스링 안쪽에 두를 무스띠를 준비한다.
- 오븐을 예열해서 준비한다(굽는 온도 180℃+ 20~40℃).

POINT!

- ○ 레어 치즈 반죽과 젤리에 라임 제스트와 과즙을 듬뿍 첨가해서 만든 상쾌한 케이크.
- ○ 밑반죽은 크럼블을 펼쳐 넣어 굽기 때문에 손쉽게 만들 수 있는 레어 치즈 케이크이다.
- ○ 크림치즈 반죽은 금속 팬에 닿으면 쇠 냄새가 나기 때문에 무스링 안쪽에 반드시 무스띠를 둘러줄 것.

01 크램블 반죽을 P.79의 **1~4**의 순서대로 만들고 무스링 틀에 펼쳐 넣는다. 틈새가 생기지 않도록 가볍게 눌러준다. 180℃의 오븐에서 18~20분간 굽는다.

02 다 구워지면 식힘망에 올려서 식힌다. 무스링 안쪽에 반드시 무스띠를 둘러서 크림 치즈 반죽에 무스링이 직접 닿지 않도록 한다.

03 볼에 크림치즈를 넣고 그래뉴당을 더해서 실리콘 주걱으로 섞으면서 반죽한다.

04 손 거품기로 바꾸어서 계란 노른자를 더해서 잘 섞는다.

05 사워크림을 더해서 같은 방식으로 한데 섞어준다.

06 체로 한 번 거른 라임 과즙을 3회에 걸쳐서 더한다. 부드럽게 잘 섞어준다.

07 다른 볼에 수분을 뺀 판 젤라틴을 중탕으로 녹이는데 약간 불을 높여 젤라틴이 40℃ 이상이 되게 한다.

08 7의 녹인 젤라틴을 6의 1/6 정도의 양을 넣어서 거품기로 서로 잘 섞어준다.

09 이것을 체망에 걸러 6의 볼에 다시 부어서 전체를 합쳐서 잘 섞어준다.

10 라임 제스트를 넣는다.

11 다른 볼에 생크림을 넣어서 얼음물에 담근 채로 핸드믹서를 고속으로 8분간 돌려준다.

12 10의 치즈반죽이 16℃ 전후가 되면(온도가 높을수록 빠른 시간에 얼음물에 넣는다) 11을 다시 넣어서 손 거품기로 빠진 곳 없이 잘 섞어준다.

13 2의 크럼블 위에 12를 부어서 실리콘 주걱으로 표면을 평평하게 한다. 냉장고에서 5시간 이상 식히면서 굳힌다. 젤리를 위에 붓기 직전까지 냉장고에서 식혀 둔다.

14 작은 냄비에 물과 그래뉴당을 넣어서 불에 올린다. 완전히 끓어오르면 수분을 뺀 판 젤라틴을 넣어서 녹인다.

15 불을 끄고 라임 과즙을 더한다.

16 볼에 옮겨서 볼을 얼음물에 담가 놓은 채로 라임 제스트를 넣는다.

17 이대로 녹인 젤라틴과 라임 과즙, 제스트를 잘 섞으면서 걸쭉해질 때까지 식힌다.

18 13의 크림치즈 반죽 위에 17을 붓는다. 전체를 평평하게 해서 냉장고에서 1시간 이상 식히면서 굳힌다.

거봉 바닐라 무스

마치 바닐라 아이스크림 같은 부드러운 감칠맛이 나는 풍부한 무스입니다.
처음에 계란 노른자를 확실히 거품을 낸 것에 머랭 없이도 바바루아 같은 입에서 녹는 폭신한 맛을
맛볼 수 있습니다. 향기가 강한 거봉과 솔덤 소스를 더해 최상의 맛으로 초대합니다.

재료   20cm 브론즈 팬 1개분 약 1300ml

바닐라 무스

포도(거봉)	15~20알
계란 노른자	83g
그래뉴당	78g
우유	260g
바닐라빈	4cm 분
판 젤라틴	9g
생크림	230g
계절 과일 (플럼, 천도복숭아, 대석조생 자두, 블루베리, 딸기, 무화과 등)	적당한 양

솔덤 소스 ·············· 적당한 양 → P.37 참고

주의점 & 사전준비

- 바닐라빈은 칼집을 내어 긁어서 씨를 빼 낸다. 줄기도 같이 사용한다.
- 판 젤라틴은 물에 담가서 냉장고에서 식혀 둔다.

POINT!

- 처음에 계란 노른자를 확실히 거품을 내어 우유와 함께 가열해서 크렘 앙글레즈를 만든다.
- 이 계란 노른자의 거품은 가열해도 쉽게 망가지지 않아서 부드러우면서 입에서 잘 녹고 감칠맛을 주는 것이 포인트이다.
- 브론즈 팬은 꽃 모양처럼 울퉁불퉁하게 되어있거나 뾰족하게 되어 있는 팬을 말합니다. 엔젤 팬 원형 팬 등으로 대신 사용해도 되고 또는 유리로 된 팬으로 해도 괜찮다.
- 거봉 대신에 서양배 콩포트나(P.47) 이것들을 한꺼번에 합쳐서 만들어도 맛있게 완성된다.

01 거봉은 껍질을 벗기고 씨가 있으면 다 제거한다.

02 볼에 계란 노른자와 그래뉴당의 2/3를 넣어서 손 거품기로 잘 섞는다.

03 냄비에 우유와 남은 그래뉴당, 바닐라빈의 씨와 줄기를 넣어서 불에 올린다. 순서 **4**를 하는 동안 팔팔 끓인다.

04 **2**를 핸드믹서를 고속으로 해서 3~4분간 찰지게 될 때까지 확실히 거품을 낸다.

05 **3**을 더해서 잘 섞어준다.

06 이것을 냄비에 다시 넣어서 매우 약한 불에 올린다. 실리콘 주걱을 냄비에서 떼지 말고 끊임없이 계속 저어준다. 3분 정도 하면 거품이 없어진다.

07 다시 불을 바꿔서 약한 불에서 끓이는데, 저었을 때 밑이 살짝 보이는 정도로 걸쭉해지면 불을 끈다(실리콘 주걱의 표면을 손가락으로 살짝 만졌을 때 자국이 남는 정도).

08 판 젤라틴을 더해 손 거품기로 섞어서 완전히 녹인다.

09 이것을 볼에 체망으로 걸러 담고 볼 채로 얼음물에 담가둔다. 어느 정도 걸쭉해질 때까지 저어주면서 20℃ 이하가 되면 얼음물에서 빼낸다.

10 이때 다른 볼에 생크림을 핸드믹서로 8분간 휘핑한다.

11 휘핑한 생크림을 걸쭉해진 **9**에 넣어서 손 거품기로 건져 올리듯이 잘 섞어준다.

12 실리콘 주걱으로 속부터 크게 저어서 남는 것(건더기)이 없는지 확인한다.

13 브론즈 팬에 **12**의 1/4 정도 양을 부어 넣는다.

14 1의 거봉을 팬에 맞게 원 모양으로 나열한다.

15 남은 무스 반죽을 부어서 표면을 평평하게 한다. 냉장고에서 7시간 이상 식히면서 굳힌다.

16 약 50℃의 물에 중탕으로 브론즈 팬을 담갔다가 뺀 후 재빠르게 뒤집어서 팬에서 무스를 빼 낸다. 그릇에 담아 계절 과일을 장식하고 솔덤 소스를 첨가한다.

첫 번째 마체도니아

재료   만들기 쉬운 분량

마리네 액
물 ·······················140g
그래뉴당 ···············50g
레몬즙 ···················10g
레몬 제스트 ···········1/2~1개분
키르슈 주 ···············30g

계절 과일 ···············약 500g
(껍질은 벗기고, 씨와 심은 제거한다)
망고, 파인애플, 그레이프 후르츠(핑크와 노란색), 키위, 포도(델라웨어), 플럼, 라임 등

01 냄비에 물과 그래뉴당을 넣어서 불에 올려 완전히 다 끓으면 불을 끈다.
식으면 레몬즙과 제스트, 키르슈 주를 넣는다.

02 과일은 같은 크기로 잘라서 모아둔다.

03 볼에 **1**과 **2**를 합쳐서 냉장고에서 1시간 이상 식힌다. 중간 중간에 크게 잘 저어준다.
접시에 담아 원하는 대로 레몬 버베나를 올린다. 과일의 상큼한 맛으로 만들어낸 열대의 맛.
이 마리네 액은 어떤 과일과도 잘 어울린다.

두 번째 마체도니아

재료	만들기 쉬운 분량

마리네 액

물	130g
그래뉴당	40g
꿀	30g
스타아니스(적갈색의 별모양의 향신료)	1개
레몬즙	30g
레몬 제스트	3/4개분
소금	소량
계절 과일	약 500g

(껍질은 벗기고, 씨나 심도 제거한다)
배(행수), 수박, 무화과, 포도(거봉), 키위, 블루베리 등

01 레몬즙과 제스트 이외의 재료를 합쳐서 끓인 후 식히고 나서
레몬즙과 제스트를 더한다.

02 과일과 합쳐서 냉장고에서 1시간 이상 잘 어우러지게 한다.
완성되면 소금을 살짝 넣어서 맛을 더 낸다.

03 팔각 스타아니스(적갈색의 별모양의 향신료)를 넣고 배나 수박 등으로
동양인의 입맛에 맞춘다. 벌꿀을 첨가하면 더 깊은 맛이 만들어 진다.

백도 젤리

재료

7cm의 젤리 틀 약 5개분

한천	10g
그래뉴당	50g
물	250g
백도 콩포트액(시럽)	300g → P.47 참고
레몬즙	15g
백도 콩포트	4~5개 정도 잘라서 → 같은 양으로

주의점 & 사전준비

백도 콩포트는 먹기 쉬운 크기로 자른다.

POINT!

o 우무는 우뭇가사리로 만든 것으로 이 우무를 건조시킨 것이 한천인데 한천이 응고재가 되면 상온에서 녹지 않고 단단하게 굳는다.

o 이 젤리 액은 온도가 내려가면 바로 응고되기 때문에 체망으로 걸러낼 수 없다. 작업하는 과정에서 덩어리나 녹다가 남은 것이 없도록 주의한다.

o 큰 형태로 만들어서 잘라서 사용해도 좋다.

o 백도는 신선한 것이 맛있다.

o 천도복숭아 콩포트(P.47)로 만들 때에는 레몬즙을 10g으로 한다.

01 한천과 그래뉴당을 잘 섞는다.

02 냄비에 물과 **1**을 합쳐서 완전히 녹을 때까지 잘 저어준다.

03 불에 올려서 완전히 끓이는데 거품이 나올 때까지 잘 휘저어 섞어준다. 1분간 끓이고 불을 끈다.

04 바로 콩포트 시럽을 넣어서 잘 섞는다.

05 계속해서 레몬즙을 넣고 한데 섞어준다.

06 물로 적신 틀에 젤리 액을 부어 넣고 콩포트를 넣는다. 과육이 떠 있는 경우에는 랩을 덮어서 위에 넓적한 접시와 같은 무거운 것을 올려서 가라앉힌다. 냉장고에서 2시간 식히면서 굳힌다.

수박 그라니타

재료 　　　　　　　　　　　　　　만들기 쉬운 분량

수박 ················300g(껍질과 씨는 제거한다)
그래뉴당 ···············20g
물 ················60g

POINT!

○ 수박은 빨갛고 단 것을 사용한다.

○ 수박 이외에 파인애플, 감귤, 키위(흰 심과 씨는 조금 제거
　한다) 등으로 해도 맛있게 만들 수 있다.

01　모든 재료를 믹서에 갈아서 매끄러운 주스로 만든다.

02　스테인리스의 넓적한 접시에 부어서 냉동고에서 하룻밤 정도 얼린다.

03　딱딱하게 얼었으면 숟가락을 사용해서 진눈깨비 형태로 긁어낸다.
　　　긁어낸 것을 다시 한 번 냉동고에서 넣어서 먹기 직전에 그릇에 담는다.
약간의 소금(분량 외)를 살짝 뿌리면 단맛이 더 살아난다.

여름을 위한 음료, 주스,
샤베트나 스무디 등 각 종류

생 자두나 비터 멜론(여주)을 사용한 주스 등
처음으로 색다른 맛들을 한데 모아 주스로 만들어 보았습니다.
어떠한 재료로 만들어도 놀라운 색다른 맛이 납니다.
신맛이나 쓴맛이 서로 장단을 맞추어서 어우러지면서 주스의 세계를 새롭게 넓혀줍니다.
변색되기 쉬운 것도 있기 때문에 주스를 만들고 나면 바로 드시기 바랍니다.

솔덤 주스

재료

솔덤(완전히 익은 것) ····· 130g(씨는 제거한다)
핑크 그레이프 후르츠 ····· 60g(겉껍질과 속껍질은 제거한다)
레몬즙 ····· 6g
그래뉴당 ····· 30g
물 ····· 55g

솔덤은 껍질을 벗긴 채 적당한 크기로 잘라서 그레이프 후르츠와 함께 모든 재료를 한꺼번에 믹서에 넣어서 간다.
대석조생 자두 등 다른 자두로 해도 맛있다.

망고 샤베트

망고	150g(겉껍질과 씨는 제거하고 냉동한다. 또는 냉동품을 사용해도 상관없다)
물	40g
연유	30g
레몬즙	5g
얼음	4~5개

모든 재료를 한꺼번에 믹서에 넣어서 간다. 그릇에 담는다. 만약에 민트가 있다면 민트로 마무리 장식을 한다. 베트남에서 일반적으로 먹는 과일 연유 샤베트이다.

파인애플 &
비터 멜론(여주) 주스

재료

파인애플(완전히 익은 것)	80g(껍질은 두껍게 벗기고 심은 제거한다)
비터 멜론(여주)	20g(꼭지는 떼어버리고, 속과 씨는 제거한다)
라임 과즙(또는 레몬즙)	7g
그래뉴당	10g
물	20g
얼음	3개

파인애플과 비터 멜론(여주)를 각각 적당한 크기로 잘라서 모든 재료를 한꺼번에 믹서에 넣어서 간다.

바나나 &
비터 멜론(여주) 주스

재료

바나나(완전히 익은 것) … 90g(껍질은 벗긴다)
비터 멜론(여주) ………… 20g(꼭지는 떼어버리고, 속과 씨는
　　　　　　　　　　　　　　제거한다)
라임 과즙(또는 레몬즙) … 7g
그래뉴당 …………………… 10g
물 …………………………… 20g
얼음 ………………………… 5개

바나나와 비터 멜론(여주)를 각각 적당한 크기로 잘라서 모든 재료를 한꺼번에 믹서에 넣어서 간다.

블루베리
요거트 스무디

재료

블루베리 ……………… 80g(생으로 냉동한다. 또는 냉동품을
　　　　　　　　　　　　　사용해도 상관없다)
플레인 요거트 ………… 50g
그래뉴당 ……………… 20g
물…………………………35g
레몬즙 ………………… 8g
얼음 …………………… 4개

모든 재료를 믹서에 넣어서 간다.

진저에일

재료

생강 설탕 절임의 시럽 ········ 60g → P.48 참고
소다 ···························· 80g

유리잔에 생강 설탕 절임의 시럽을 부어서 소다를 더
한다.

대석조생 자두 소다

재료

대석조생 자두 콩포트 시럽 ··· 60g → P.38 참고
소다 ···························· 80g

유리잔에 콩포트 시럽을 부어서 소다를 더한다. 만약에
라임이 있다면 라임을 둥글게 잘라서 장식한다.

파인애플 쇼트케이크

쇼트케이크에 사용하는 과일은 딸기만으로 한정되어 있지 않습니다.
딸기가 적게 나오는 여름에는 잘 익은 파인애플로 만드는 것을 추천합니다.
파인애플 쇼트케이크는 오븐 미튼에서 일 년 내내 유행을 타지 않고 꾸준히 잘 팔리는 인기 메뉴입니다.
신선한 파인애플은 즙이 많아서 적당한 신맛이 있기 때문에 쇼트케이크에 딱 입니다.

제누와즈 반죽

물엿	4g
계란 전체	95g
그래뉴당	70g
발효버터	16g
우유	25g
박력분	63g
파인애플(생)	약 1/3개분
(껍질을 두껍게 벗기고, 심은 제거한다)	
생크림	240g
우유	10g
그래뉴당	15g
시럽	적당한 양
물	53g
그래뉴당	18g
키르슈 주	13g
블루베리(생)	10~15알
민트 잎	적당한 양

주의점 & 사전준비

- 박력분은 체에 내린다.
- 원형 팬의 안과 옆면에 유산지 바닥과 띠를 둘러준다.
- 오븐을 예열해서 준비한다(굽는 온도 160℃ + 20~40℃).
- 다 구워진 제누와즈 반죽은 냉장고에서 하루 또는 냉동고에서 2주간 보관 가능하다.
- 시럽은 물과 그래뉴당을 불에 올려서 팔팔 끓여 식히고 나서 키르슈 주를 더한다.
- 파인애플은 세로 방향으로 약 10등분으로 자르고 껍질을 두껍게 벗겨 심을 제거한다. 7~8mm 두께로 자른다.

제누와즈 반죽

01 작은 볼에 물엿을 넣어서 중탕으로 끓인다. 40℃ 정도가 되면 좋다. 건조되는 것과 온도가 낮아지는 것을 방지하기 위해서 랩으로 씌워 둔다.

02 중간 크기(15~18cm)의 볼에 계란 전체를 넣고 손 거품기로 풀어서 그래뉴당을 더한다. 중탕으로 해서 그래뉴당을 녹인다.

03 2의 온도가 여름에는 38~40℃, 겨울에는 41℃나 42℃ 정도가 되면 중탕을 멈추고 1의 물엿을 더해 잘 섞어서 풀어준다.

04 3을 핸드믹서의 고속으로 거품을 낸다. 믹서의 날개 부분을 수직으로 세워서 볼의 가장자리를 따라서 1초에 약 2번 정도 빠르게 거품을 내어준다.

05 4분 정도 거품을 내고 반죽에 아무 글자나 한 글자를 써본다. 글자를 썼을 때 글자가 반죽 위에 잠시 남아있는 정도의 상태가 되면 좋다. 바로 없어져 버린다면 다시 30초~1분간 거품을 내준다.

06 보다 매끄러운 거품을 더 내기 위해 핸드믹서를 저속으로 2~3분 더 거품을 낸다. 믹서의 날개를 볼에서 자신과 가까운 쪽으로 고정해서 15초마다 볼을 60도씩 돌린다.

07 6과 동시에 작은 볼에 버터와 우유를 합쳐서 중탕한다.

08 6의 거품의 결이 매끄러워지면 전체적으로 윤기가 나오게 된다. 이 상태가 될 때까지 거품을 낸다.

09 볼의 옆면을 실리콘 주걱으로 반죽을 쓸어 모아서 깨끗하게 한 후 다시 반죽을 볼의 옆면으로 넓혀서 정리한다.

10 체에 내린 박력분을 다시 한 번 체에 내리면서 9에 넣는다.

11 반죽에 밀가루를 섞어준다. 볼의 2시 방향의 위치에서 실리콘 주걱을 넣어서 볼의 안쪽을 돌리면서 8시 방향의 위치까지 반죽을 이동시킨다.

12 볼의 옆면을 주걱으로 따라가면서 8시 방향에서부터 10시 방향의 위치까지 나아간다. 이때 왼쪽 손은 볼을 반시계 방향으로 60도 돌린다.

13 자연스럽게 손목을 틀어서 볼의 중심보다 조금 오른쪽으로 반죽을 돌린다. 11~13을 반복하는데 이를 40회 정도 섞어줬을 때 7을 더해서 그 후에는 110회 저어서 섞어준다.

14 반죽을 부어서 매끄럽게 떨어질 정도가 되면 그만 섞는다.

15 반죽이 완성되면 틀에 부어서 160℃의 오븐에서 굽는데 색이 잘 나올 때까지 29~31분간 굽는다. 다 구워지고 난 후에는 틀을 가볍게 떨어뜨려서 틀에서 빼내 식힘망에 올려서 식힌다.

16 볼에 생크림, 우유, 그래뉴당을 넣어서 얼음물에 담근 채로 핸드믹서로 8분간 휘핑한다.

17 다 식힌 **15**의 제누와즈를 얇게 써는데 제누와즈 옆에 막대기 등으로 맞춰서 1.5cm 두께로 3장 자른다.

18 케이크 돌림판에 제누와즈 1장을 올려서 빵솔로 제누와즈의 안에서 바깥으로 시럽을 바른다.

19 계속해서 **16**의 생크림을 약 25g을 올려서 스패출러로 평평하게 바른다.

20 파인애플을 올린다.

21 생크림을 올려서 파인애플의 빈틈과 위를 평평하게 얇게 바른다.

22 2번째 제누와즈를 잘라서 가볍게 시럽을 바른 면을 아래로 해서 **21**의 위에 올린다. 윗면에도 시럽을 발라서 **19~21**을 순서대로 반복한다.

23 양면에 시럽을 바른 3번째 제누와즈를 올린다. 위에 얇게 생크림을 바르고 옆면에도 바른다.

24 옆면의 크림을 다 바르면 윗면에 듬뿍 생크림을 올려서 옆면으로 흘러내리는 듯이 완성한다.

25 파인애플과 블루베리, 민트잎 등으로 장식한다.

사과 크램블 치즈 케이크

마치 레어 치즈 케이크와 같이 부드럽고 매끄러운 식감과 입안에서 살살 녹는 치즈 케이크입니다.
짧은 시간에 오븐에 구워서 치즈 반죽에 '부드러운' 느낌을 줍니다.
따로 밑반죽을 만들 필요도 없기 때문에 손쉽게 만들 수 있는 것이 매력입니다.
사각사각한 크램블이 포인트를 더합니다.

재료
15cm의 원형 팬 1개분

크램블 반죽

박력분	20g
아몬드 파우더	20g
그래뉴당	15g
발효 버터	13g
소금	소량
시나몬 파우더	작은 숟가락 1/8

치즈 케이크 반죽

크림치즈	190g
바닐라빈	2~3cm 분
그래뉴당	55g
버터	22g
사워크림	50g
계란 전체	54g
계란 노른자	18g
옥수수 전분	6g
사과 깍둑 썰기 콩포트	140g → P.48 참고

POINT!

- 오랜 시간 구우면 반죽이 딱딱해지고 푸석푸석해져서 맛이 나빠지기 때문에 주의한다.
- 크램블 반죽을 반으로 나눠서 한쪽에는 시나몬 파우더를 넣어서 향을 보다 좋게 완성한다.

주의점 & 사전준비

- 크림치즈는 16℃ 전후로 버터와 사워크림은 20℃ 전후로 준비한다.
- 계란 전체와 계란 노른자를 합쳐 둔다.
- 사과 콩포트는 소쿠리에 담아서 물기를 빼 둔다.
- 밑바닥이 있는 원형 팬에 유산지를 깔아둔다. 옆면은 유산지를 길게 잘라 두르고, 밑은 유산지를 둥글게 잘라서 깐다.
- 오븐을 예열해서 준비한다(굽는 온도 180℃ + 20~40℃).

01 크램블 반죽을 P.79의 **1~4**의 순서대로 만든다. 크램블 반죽 양의 반에 시나몬 파우더를 더해서 양 반죽이 섞이지 않도록 하고 냉장고에서 휴지한다.

02 볼에 크림치즈와 바닐라빈을 긁어넣고 그래 뉴당을 더해 실리콘 주걱으로 으깨면서 섞어서 반죽한다.

03 16℃인 크림치즈는 단단해서 섞기 힘들지만 온도를 올리면 너무 부드러워져 다루기가 쉬워지면 공기를 머금기 어려워지기 때문에 지금 이 온도를 잘 지킨다.

04 균일하게 섞으면서 손 거품기로 바꿔 더 매끄럽게 되도록 잘 섞어준다.

05 작은 볼에 부드럽게 한 버터를 4에 더한다.

06 버터가 잘 섞였을 때쯤 사워크림을 넣는다. 반죽이 단단해져가기 때문에 힘을줘서 섞는다.

07 계란 전체와 계란 노른자를 3회에 걸쳐서 더한다. 그때마다 공기가 들어갈 수 있도록 확실히 잘 섞어준다.

08 옥수수 전분을 더해서 빠르게 구석구석 한데 섞어준다.

09 유산지를 펼친 팬에 반죽의 2/3정도 양을 부어서 넣는다.

10 사과 콩포트를 겹치지 않도록 분산시켜서 넣는다.

11 남은 반죽을 부어서 표면을 평평하게 한다.

12 1의 크럼블을 뿌린다. 크럼블의 형태는 P.79의 5~8을 참고. 시나몬이 많든 적든 크기가 크든 작든 간에 상관없이 골고루 뿌려준다.

13 180℃의 오븐에서 24~25분간 굽는다. 처음의 높이에서 1~1.5cm정도 반죽이 부풀어 오르지만 중심부를 만졌을 때 살짝 부드러운 상태인 것이 딱 좋은 상태이다. 팬 그대로 식힘망에 올려서 식히고 냉장고에 3시간 이상 둔다. 완전히 다 식었을 때 팬을 빼낸다. 식는 과정에서 반죽이 원래의 높이로 돌아온다.

파인애플 크램블 치즈 케이크

재료   12cm의 원형 팬 2개분

크램블 반죽

박력분 ·················· 26g
아몬드 파우더 ·················· 26g
그래뉴당 ·················· 20g
발효 버터 ·················· 17g
소금 ·················· 소량
코코넛 플레이크 ·················· 10g

치즈 케이크 반죽

크림치즈 ·················· 240g
바닐라빈 ·················· 4cm분
그래뉴당 ·················· 70g
버터 ·················· 28g
사워크림 ·················· 63g
계란 전체 ·················· 68g
계란 노른자 ·················· 23g
옥수수전분 ·················· 7g
파인애플(생) ·················· 150g
(겉껍질과 심은 제거한다)

01   크램블 반죽은 P.79의 **1~4**의 순서대로 만들고 코코넛 플레이크를 더해서 섞는다.
사용하기 직전까지 냉장고에 차갑게 해 둔다.

02   치즈 케이크 반죽은 P.152~P.153의 **2~8**의 순서로 만들고
두 개의 팬에 각각의 반죽을 2/3씩 나눠서 넣는다. 2cm 각으로 자른 파인애플을
골고루 넣고 나머지는 같은 방식으로 진행한다. **1**의 크램블을 반죽 위에 골고루 올려서
180℃의 오븐에서 약 20분간 굽는다.

카시스 크램블 치즈 케이크

| 재료 | 9cm의 원형 팬 3개분 |

크램블 반죽 ·············'파인애플 크램블 치즈 케이크'과
 같은 양

레몬 제스트 ·············1/4개분

치즈 케이크 반죽 ········'사과 크램블 치즈 케이크'과 같은 양
 으로 사과 콩포트를 카시스 시럽(냉동)
 126g과 그래뉴당 3g으로 대체한다.

01 크램블 반죽은 P.79 의 **1~4**의 순서대로 만들고 레몬 제스트를 더한다.
사용하기 직전까지 냉장고에서 차갑게 해 둔다.

02 치즈 케이크 반죽은 P.152~153의 **2~8**의 순서대로 만들고 반죽의 전량을
3개의 팬에 나눠서 넣는다. 위에 그래뉴당을 뿌린 카시스 시럽을 올리고
1의 크램블을 골고루 올려서 180℃의 오븐에서 약 20분간 굽는다.

사과 롤 케이크

재료
30 × 30cm의 파운드 팬 1개분

롤 케이크 반죽

우유	40g
바닐라빈	2～3cm분
계란 전체	200g
그래뉴당	95g
박력분	80g

마무리

생크림	170g
우유	8g
그래뉴당	5g

사과 깍둑썰기 콩포트 …… 200～220g → P.48 참고

주의점 & 사전준비

- 바닐라빈은 칼등으로 긁고 줄기는 빼 놓는다.
- 사과 깍둑썰기 콩포트는 소쿠리에 담아서 물기를 빼 놓는다.
- 넓은 롤 케이크 팬에 롤지를 펼쳐놓는다. 옆면은 유산지를 세워서 팬보다 1～1.5cm 더 높게 만든다.
- 넓은 롤 케이크 팬을 두 개 겹쳐서 밑에서 올라오는 열로 부드럽게 굽는다.
- 오븐을 예열해서 준비한다(굽는 온도 180℃ + 20～40℃).

01 우유에 바닐라빈을 넣어서 잘 섞어준다. 순서 **5**까지 중탕으로 따뜻하게 해 놓는다.

02 볼에 계란 전체를 풀고 그래뉴당을 넣어서 전체가 잘 녹을 때까지 잘 저어준다.

03 **2**를 중탕하는데 38℃가 되면은 중탕을 멈추고, 핸드믹서의 고속으로 4분에서 5분 정도 거품을 낸다. 동시에 볼의 가장자리를 따라서 손 거품기를 크게 돌려준다.

04 반죽에 아무 글자나 한 글자를 썼을 때 부드럽게 써지는 정도가 되면 좋다.

05 다음으로는 핸드믹서의 저속으로 2~3분간 돌린다. 핸드믹서를 수직으로 세워서 볼에 고정시켜서 약 20초마다 볼을 60도씩 돌리면서 거품을 안정화시킨다.

06 실리콘 주걱으로 바꾸어서 볼의 옆면을 정리하면서 반죽을 뒤엎으며 섞어준다.

07 박력분을 체에 내리면서 넣는다.

08 실리콘 주걱의 면을 사용해서 크게 섞어준다. 볼의 2시 방향에서부터 8시의 방향으로 실리콘 주걱의 면으로 반죽을 누르듯이 움직인다.

09 계속해서 8시 방향에서 10시 방향으로 반죽을 뒤엎어주는데 이때 다른 한 손으로는 볼을 반 시계방향으로 돌린다. 이것을 반복한다.

10 밀가루가 보이지 않게 되면 중탕으로 따뜻하게 해둔 1의 우유를 넣어서 같은 방식으로 섞는다. 8~10의 합계가 100~120회 정도가 되도록 섞어준다.

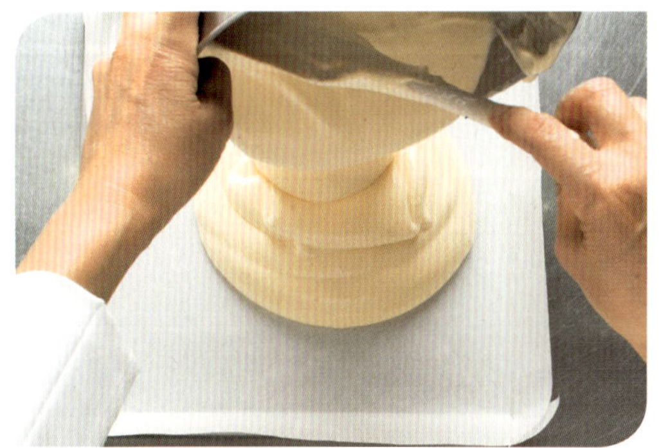

11 테프론시트지를 펼친 롤 케이크 팬에 반죽을 부어 놓고 스크래퍼를 사용해서 팬의 네 모퉁이까지도 반죽을 빈틈없이 펼친다.

12 스크래퍼로 팬 안의 반죽을 왼쪽부터 오른쪽으로 평평하게 한다. 이것을 롤 케이크 팬을 돌려가면서 네 모퉁이까지 반죽이 채워질 수 있도록 반복한다.

13 롤 케이크 팬을 가볍게 탁탁 떨어뜨려 반죽 속 안에 남아 있는 공기를 없앤다. 롤 케이크 팬을 두 개 겹쳐서 180℃의 오븐에서 표면이 확실히 구운 색깔이 나올 때까지 17~18분간 굽는다.

14 다 구워지면 롤 케이크를 종이 째로 팬에서 분리해 식힘망에 올려서 식힌다.

15 볼에 생크림과 우유, 그래뉴당을 넣어서 얼음물에 담근 채로 핸드믹서 고속으로 8분간 휘핑한다.

16 **14**의 남은 열이 다 빠지면 뒤집어서 테프론시트지를 떼어낸다. 이 종이는 케이크를 말 때 사용하기 때문에 그대로 놔둔다. 뒷면에 밀가루 덩어리가 있으면 털어낸다.

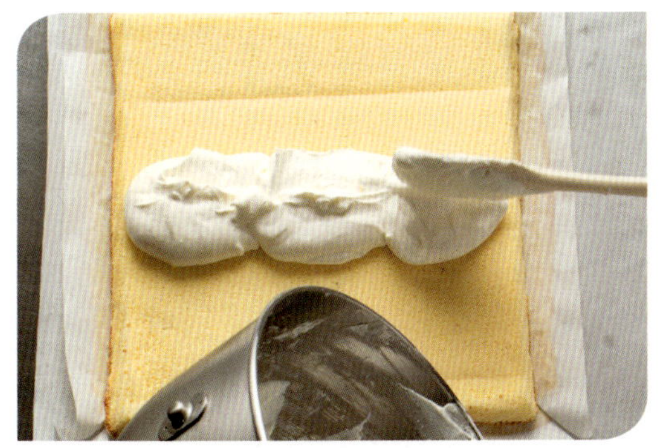

17 작업대에 **16**에서 떼어낸 종이를 펼쳐 구워진 쪽을 밑(바깥쪽)으로 반죽을 올려놓는다. **15**의 생크림을 중앙에 일직선으로 올린다.

18 L자 스패츌러를 사용해서 크림을 중앙에서 반죽 테두리 쪽으로 사진과 같이 바른다. 오른쪽에서부터 10cm 폭으로 바깥쪽으로 얇게 크림을 바른다.

19 같은 방식으로 반죽 바깥 테두리 쪽으로 사진과 같이 크림을 얇게 펼친다. 대략 3회에 걸쳐서 크림을 넓게 펼친다. 그 이상으로 하면 크림의 매끄러움이 없어지기 때문에 너무 많이 펼치지 말 것.

20 다음으로 중앙에서 안쪽 테두리 방향으로 사진과 같이 크림을 얇게 바른다.

21 물기를 뺀 사과 콩포트를 안쪽 테두리에서 1cm 떼고 6~7cm 폭으로 올린다.

22 종이의 양끝에서 5cm 정도를 집어서 들어 올린다. 몸쪽에서부터 3cm 정도를 가볍게 접어서 심을 만든다.

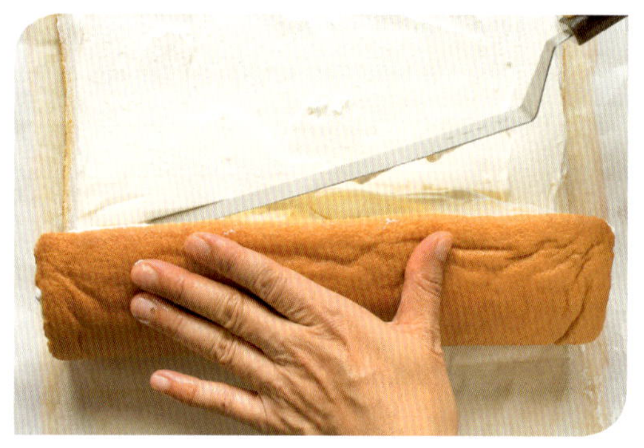

23 사과나 크림이 삐져나오면 스패출러를 이용해서 균일한 두께로 만든다.

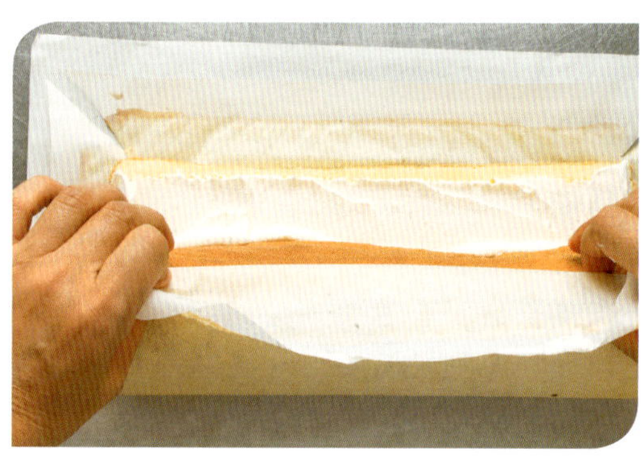

24 22와 같은 방식으로 테두리에서 5cm 정도를 잡고 10cm 정도 높이로 들어올린다.

25 그대로 좌우 균등한 힘으로 바깥 방향으로 종이를 말아준다. 자연스럽게 롤이 되기 때문에 무리하게 말지 말 것.

26 롤을 옆에서 본 모양이 「の」와 같이 되도록 하고 전체를 종이로 포장해서 냉장고에서 30분 이상 휴지한다.

27 26을 가로로 본 모양. 완성된 것은 높이 7.5cm 정도. 원하는 대로 슈가파우더를 뿌려서 완성한다.

밤 미니 롤

재료

30cm × 30cm
넓은 롤 케이크 팬 1 개분

롤 케이크 반죽 ············'사과 롤 케이크' 반죽의 80% 정도 양으로 해서 롤 케이크 팬에 얇게 굽는다. 굽는 시간도 짧게 한다.
생크림 ·····················적당한 양

밤 크림 * 만들기 쉬운 분량
밤 ·························300g(물에 데쳐서 밤 겉껍질과 속껍질을 벗긴다)
그래뉴당 ···················100g
생크림 ····················43g(한 번 끓여서 36.5℃까지 식힌다)
버터 ······················43g(적당한 온도로 준비한다)

밤 크림

01 밤은 전부 잠길 정도의 뜨거운 물에서 1시간 20분 정도 데쳐서 물에 담근 채로 식힌다.
다 식으면 밤을 반으로 잘라서 숟가락으로 속을 파낸다.

02 푸드 프로세서에 밤 크림 모든 재료를 넣어서 매끄럽게 될 때까지 돌린다.
이것을 체에 걸러서 완성한다.

완성

03 다 구워진 반죽을 4cm 폭으로 잘라서 노릇노릇한 색이 나오는 면을 위(안쪽)으로 해서
생크림을 얇게 펴서 만다. 생크림과 밤 크림을 짜 올려서 완성한다.

홍옥 사과가
가장 맛있는 시기

오븐 미튼에서는 홍옥이 막 나오기 시작할 무렵의 홍옥의 견실한 과육과 강한 신맛을 좋아합니다. 이를 맛볼 수 있을 때는 10월에서 11월 사이의 짧은 기간뿐입니다. 이 이후는 점점 과육이 부드러워져서 맛도 옅어져 버립니다. 이 시기에 나오는 홍옥은 불에 익히면 맛이 더욱 더 모아져 사과 본래의 진한 맛을 맛보게 해 줍니다.

홍옥은 옛날에 싸게 사 먹을 수 있는 흔한 과일이었습니다. 그래서일까요, 돈이 없던 학생시절에 자주 사용했던 재료였습니다. 이후 한동안 상점에서 볼 수 없었지만 최근에는 다시 제과 재료로 새롭게 인기를 얻고 있는 것 같습니다.

매년 오븐 미튼에서는 대량으로 사과를 사용하기 때문에 안정적인 제공이 가능하면서 신뢰할 수 있는 생산자에게 납품받는 것이 제일 좋은 방법이라 생각하고, 여러 해 동안 아오모리현 히로사키시의 사과 생산자 니시무라 사과원에서 홍옥이나 그 시기에 맛있는 제철 사과를 받아왔습니다. 이 농원에서는 화학비료를 일체 사용하지 않고 농약도 최소한으로 사용하도록 제한하고 있다고 합니다. 가공용이라 사이즈도 고르지 않고 사과 표면에 크고 작은 상처도 있지만, 사과의 맛은 확실히 진하고 다른 농원과 확연한 품질의 차이를 실감하게 해줍니다.

손쉽고 깨끗하게
사과를 깎는 방법

01 I 형태의 필러의 끝부분으로 사과의 상하 2곳, 꼭지와 밑 부분을 가볍게 도려낸다.

02 그 주변을 원 형태로 2번(상하에서 2~3cm 폭) 정도 껍질을 벗긴다.

03 사과를 세로로 들고 남은 부분의 껍질을 세로 방향으로 짧게 벗긴다.

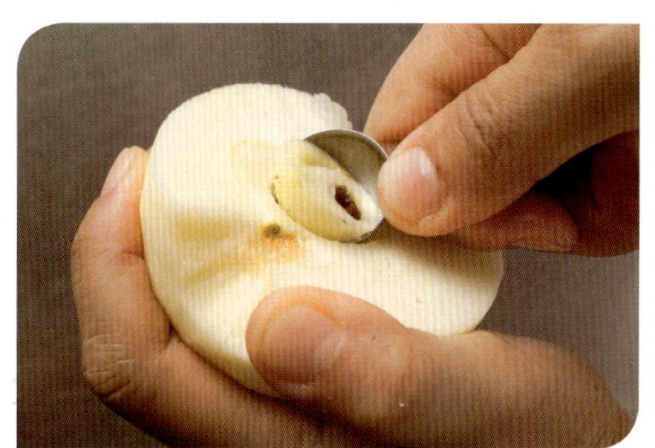

04 세로로 반을 잘랐을 때 씨는 도려내는 기구로 빼낸다. 깊게 빼낼 필요는 없다. 나선 모양으로 벗기는 것이 보다 빨리 깨끗하게 벗겨 낼 수 있다.

애플파이

달콤하면서 신맛이 나는 사과를 불에 익힌 것에 다른 스파이스가 향기를 더한
새로운 감각의 애플파이입니다.
파이 반죽을 접어서 만든다는 것은 전문가들만이 할 수 있는 고도의 기술이라고 생각되지만
여기에서는 간단하면서도 실패하지 않는 그리고 또 짧은 시간 안에 만들 수 있는 방법을 소개해드립니다.
푸드 프로세서로 만든 반죽을 랩으로 싸서 휴지하고 나서 2번에 걸쳐서 반죽을 늘이는 것으로 끝입니다.
하나하나의 작업을 정확하게 따라 하기만 한다면 짧은 시간 안에 만들었다고는 생각할 수 없는
수준 높은 맛있는 파이로 완성됩니다.

재료　　　　　　　　　　　　　　23cm 파이 팬 1개분

사과 조림

사과(홍옥)	860g(약 4개, 껍질과 씨는 제거한다)
버터	30g
그래뉴당	80~90g
레몬즙	10g

간단하게 접어 만드는 파이 반죽

박력분	110g
강력분	110g
소금	3g
그래뉴당	5g
발효 버터	185g
우유	28g
물	56g
작업대에 뿌릴 밀가루(강력분)	적당한 양

마무리

넛맥(전부 갈아서 잘게한다)	소량
시나몬(파우더)	작은 숟가락 1/2
클로브(파우더)	소량
계란 노른자	1개분
우유	2~3g
살구 잼(P.37 참고, 또는 시중 판매용)	30g

POINT!

- 사과 조림에 3종류의 스파이스를 뿌려서 구워 내기 때문에 향이 강한 애플파이가 된다.
- 가능하면 전날까지 사과조림을 만들어서 놓으면 사과 안에 남아 있는 시럽이 많이 나오지 않아서 더 맛있게 만들어진다.

주의점 & 사전준비

- 박력분과 강력분은 합쳐서 체에 내려 소금, 그래뉴당과 섞어서 냉장고에 차갑게 해 둔다.
- 버터는 1cm 깍둑썰기로 잘라서 냉장고에 차갑게 해 둔다.
- 물과 우유를 합쳐서 냉장고에 차갑게 해 둔다.
- 오븐을 예열해서 준비한다(굽는 온도 200℃ + 20~40℃).

01 사과는 8등분으로 자른다. 냄비에 버터를 녹인 후 사과를 넣어서 한 번 볶는다.

02 사과에 버터 옷이 잘 입혀지면 그래뉴당과 레몬즙을 더한다. 그리고 중간 불로 전체를 한 번 끓인다.

03 완전히 끓어오르면 다시 약한 불에 약 3분간 (부사사과는 7~8분간) 더 졸인다. 꼬챙이로 찔러서 막힘없이 잘 들어가는 상태면 된다.

04 잠시 사과를 소쿠리에 담아놓고 냄비의 졸인 물을 더 졸인다. 물이 1/3 정도가 남으면 사과를 다시 넣어서 부글부글 끓여내고 불을 끈다.

05 그 상태로 식혀서 사과에 졸인 물이 잘 배이게 둔다. 가능하다면 여기까지 그 전날 해 둔다.

06 푸드 프로세서에 박력분, 강력분, 소금, 그래뉴당을 넣고 버터를 더해 8초 정도 돌린다.

07 버터가 팥 입자(6~7mm) 정도의 크기가 되면 좋다. 너무 자잘하게 만들지 않도록 할 것.

08 계속해서 우유와 물을 합쳐서 반죽이 너무 뭉쳐지지 않도록 짧게 끊으면서 푸드 프로세서를 돌린다.

09 밀가루가 전체적으로 잘 어우러져 보슬보슬한 소보로 형태가 되면 딱 좋다. 반죽이 한 덩어리가 되지 않도록 할 것.

10 랩을 펼쳐둔 넓은 롤 케이크 팬에 **9**를 균등한 두께로 펼친다.

11 랩으로 싸서 10 × 20cm 정도의 균일한 두께의 직사각 형태로 만든다.

12 이것을 뒤집어서 밀대로 위에서부터 강하게 눌러서 랩의 중간까지 반죽을 끊어지지 않게 밀고 간다.
단순히 밀대를 움직이는 것 만이 아니라 위에서부터 균등하게 힘을 준다. 한 번 밀고나면 반죽이 늘어난다.

13 사진 속에는 버터의 입자가 보이지만 이것은 반죽을 한 번 정리한 상태이다. 이대로 냉장고에서 5시간에서 하룻밤 정도 휴지한다. 휴지할 때는 버터가 남은 그 상태에서 반죽을 잡아준다.

14 반죽에서 랩을 떼어 밀가루를 뿌린 작업대에 가로가 긴 형태로 놓는다. 사진과 같이 반죽 맨 위에서부터 밀대로 균등하게 조금씩 눌러서 세로가 18cm가 되게 만든다.

15 작업대에 밀가루를 뿌려서 반죽을 90도로 돌린다. 처음에는 딱딱하지만 중앙에서 바깥, 중앙에서 자기 몸쪽으로 세심하게 밀대로 반죽을 눌러가면서 늘인다.

16 어느 정도 늘이기 쉬운 정도의 굳기가 되면 밀대를 중앙에서 바깥쪽으로, 중앙에서 자기 몸쪽으로 움직이면서 반죽을 늘여 간다.

17 반죽을 50 × 18cm의 크기로 한다. 여기까지 최대한 빠른 시간 안에 한다.

18 빵솔로 남은 밀가루를 없애서 삼등분 접기를 한다. 찢어진 부분이 있다면 그쪽을 안쪽으로 접는다.

19 반죽을 겹쳐서 세 테두리 부분을 밀대로 누르면서 반죽끼리 밀착시킨다.

20 계속해서 반죽 전체를 밀대로 눌러가면서 반죽끼리 밀착시킨다.

21 반죽을 90도로 돌려서 중앙에서 바깥쪽으로, 중앙에서 자기 몸쪽으로 밀대로 위에서부터 꽉 누르면서 늘여 간다.

22 계속해서 밀대로 중앙에서부터 바깥쪽으로, 중앙에서부터 자기 몸쪽으로 움직이면서 반죽을 더 늘린다.

23 세로 55cm × 가로 20cm 정도로 늘인다.

24 다음은 안으로 4등분 접기를 한다. 반죽에 묻어 있는 밀가루를 털고 바깥쪽과 몸쪽이랑 가까운 반죽을 접어서 중앙에 맞추고 또 중앙에서 반으로 접어서 반죽을 4겹으로 겹친다.

25 접은 반죽의 세 테두리 끝 부분을 밀대로 눌러서 반죽끼리 밀착시킨다. 그 다음은 균등한 힘을 주면서 반죽 전체를 같은 두께가 되도록 정돈한다. 다시 랩으로 싸서 냉장고에서 3시간 이상 휴지한다.

26 25의 반죽을 냉장고에서 꺼내 반으로 자르고 밀대로 자른 면을 눌러서 막는다. 반죽을 늘릴 때 다른 한쪽의 반죽은 냉장고에 다시 넣어서 휴지한다.

27 반죽을 늘일 때마다 밀가루를 뿌린 작업대에 올려서 밀대로 25cm 간격으로 모든 부위를 늘인다.

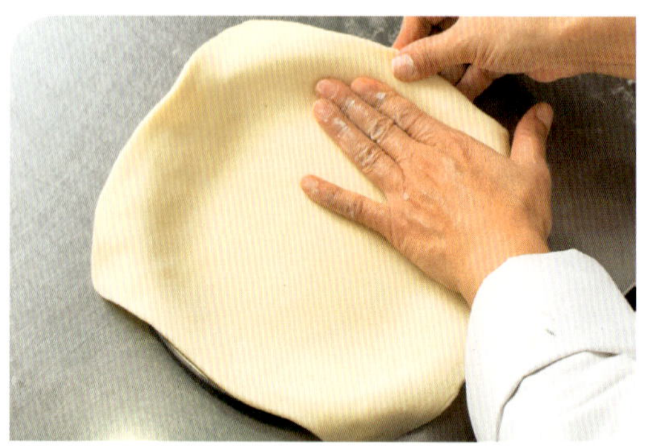

28 파이의 밑면이 될 반죽 1장(크기가 다를 경우에는 큰 쪽을 사용한다)을 파이 접시에 펼친다. 다른 한 장은 사용하기 직전까지 냉장고에 휴지해 둔다.

29 5의 사과 조림을 원으로 둘러서 나열한다.

30 빈틈없이 잘 나열한다.

31 사과 조림 위에 넛맥을 잘게 갈아서 뿌리고 시나몬과 클로브 파우더를 뿌린다.

32 계란 노른자와 우유를 섞은 것을 테두리 부분에 바른다.

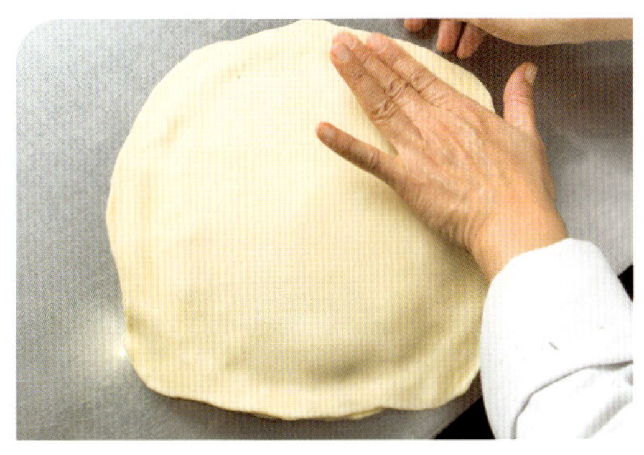

33 위에 다른 1장의 반죽을 덮어서 테두리를 확실히 눌러서 반죽끼리 잘 붙여서 벌어지는 곳을 닫는다.

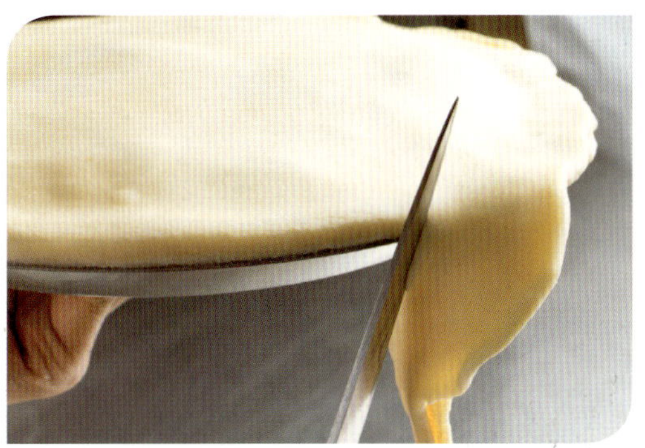

34 파이 접시를 왼손으로 들고 오른손에는 칼을 들어 칼로 파이 접시를 따라 남는 반죽을 잘라 낸다. 잘라 낸 곳이 벌어지지 않도록 주의한다.

35 테두리 부분에 포크로 모양을 만든다. 파이 반죽을 겹친 테두리 부분은 구울 때 다른 부분보다 부풀어 오른다.

36 빵솔로 윗면 전체에 계란 노른자를 발라서 칼 끝으로 좋아하는 모양을 그린다.

37 중앙에 증기가 빠져나갈 구멍을 만들고 꼬챙이로 파이 윗면에 여러 구멍을 낸다. 200℃의 오븐에서 20분간 굽고 다시 190℃로 내려서 35~40분간 구워 낸다.

38 남은 열을 다 식히면 윗면과 옆면에 살구 잼을 발라서 완성한다.

타르트 타탄

타르트 타탄

재료

12cm의 원형 팬 2개분

브리제 반죽 ··················	100g(개당 50g) → P.64 참고
그래뉴당(캐러멜 용) ········	76g
뜨거운 물 ·······	10g
버터 ·······	30g
사과(홍옥) ···················	400g(껍질과 씨는 제거한다)
그래뉴당(구울 때 뿌린다) ···	15~20g

주의점 & 사전준비

- 사과는 8~10등분으로 자른다.
- 밑바닥이 있는 원형 팬을 준비한다.
- 오븐을 예열해서 준비한다(굽는 온도 180℃ + 20~40℃).

POINT!

○ 캐러멜을 만들어서 틀에 붓고 그 위에 생 사과를 넣어서 구워 내는 매우 간단한 레시피이다.

○ 오븐에서 굽기 전에 전자레인지로 미리 돌려서 사과의 가열시간을 단축한다.

○ 사과의 신맛과 향기, 캐러멜이 하나가 되는 깊은 맛.

* 전자레인지의 종류에 따라 스테인리스 팬을 사용할 수 없는 경우도 있습니다. 상세한 설명은 제품 사용설명서나 제품 회사에 직접 문의해 주십시오.

01 브리제 반죽은 P.64~P.66의 **1~11** 순서대로 만든다. 작업대에 밀가루를 뿌려서 13cm 간격으로 모든 부분을 늘인다(두께는 약 3mm).

02 원형 팬의 테두리를 따라 둥글게 잘라낸다.

03 표면뿐만 아니라 뒷면에도 구멍을 내서 너무 많이 부풀어 올라오는 것을 막는다. 이대로 냉장고에서 휴지한다. 여기까지를 전날 또는 몇 시간 전까지 준비한다.

04 작은 냄비에 그래뉴당을 넣고 불을 올려서 캐러멜을 만든다. 캐러멜이 너무 졸여져서 색이 진해지지 않도록 주의한다.

05 캐러멜의 큰 거품이 사라지고 작은 거품이 나오게 되면 불을 끄고 뜨거운 물을 넣어서 섞어준다. 거품이 튈 수 있으므로 주의한다.

06 계속해서 버터를 넣어서 전체를 한데 섞어준다.

07 캐러멜이 가라앉으면 팬에 붓는다. 각 40g 정도가 기준이다.

08 캐러멜의 위에 사과를 채워 넣는다. 마무리가 예쁘게 되도록 원형 팬의 옆면을 따라서 사진처럼 사과를 세워서 빈틈없이 채운다. 가운데에도 빼곡히 채운다.

09 사과를 다 채운 상태

10 위에서 힘으로 눌러서 팬에 빈틈없이 채운
다. 이대로 600W의 전자레인지에서 4분간
돌린다(스테인리스의 팬은 전자레인지에서 사용하지
말 것).

11 위에 그래뉴당을 뿌려서 180℃의 오븐에서
약 40분간 굽는다.
10에서 전자레인지에서 사용할 수 없을 경우에는 50분
이상 오븐에서 굽는다.

12 다 구워진 상태.

13 가열 되어서 부드러워진 사과를 위에서 주걱
등으로 눌러서 사과끼리 더 밀착시킨다.

14 **3**의 브리제 반죽을 덮어서 180℃의 오븐에서
45분 이상 굽는다.

15 팬 그대로 식힘망에 올려서 식히고 냉장고에
넣어서 하룻밤 정도 둔다. 먹기 전에 팬의 밑
바닥을 가스불로 10초 정도 데워서 팬을 바로 뒤집어
서 접시에 올린다.

사과 굽기

사과 굽기

'사과 굽기'는 홍옥 사과로 하는데 홍옥 사과가 막 나오기 시작하는
10월에서 11월 사이의 것으로 만드는 게 가장 좋습니다.
그때가 가장 신맛이 강하고 또 과육도 튼실하기 때문에 홍옥으로 무엇을 만들어도
더 맛있게 만들어지는 것 같습니다.
미리 사과를 전자레인지에 한 번 돌리면 오븐에서 굽는 시간을 짧게 끝낼 수 있어서
완성된 사과가 더 빨갛고 맛있게 만들어집니다.

재료

사과(홍옥) ················4개
그래뉴당 ···············60g(1개당 15g)
시나몬 파우더 ··········1g
버터 ··················40g(각각 8~10g)
건포도 ················20알 (각각 5알씩)

주의점 & 사전준비

- 버터는 1cm각으로 자른다.
- 오븐을 예열해서 준비한다(굽는 온도 160℃ + 20~40℃).
- 원하는 대로 바닐라 아이스크림을 첨가해도 맛있다.

01 사과는 속 파내는 기구로 심 부분을 파낸다. 구멍의 지름은 1.5cm 전후로 하고 밑바닥까지 파내지 않도록 한다. 칼로 윗부분을 살짝 잘라내고 숟가락으로 안을 파내는 것이 좋다.

02 사과의 표면에 구석구석 꼬챙이로 20개 정도의 구멍을 뚫는다. 10개는 표면에서 1cm 정도 깊이로 다른 10개는 사진처럼 **1**의 구멍에 도달할 때까지 뚫는다.

03 내열성이 강한 넓은 접시에 가지런히 올려서 600W의 전자레인지에서 4분간 돌린다(사과 1개당 약 1분씩 늘인다).

04 그래뉴당과 시나몬을 섞어서 시나몬 슈가를 만든다.

05 **1**에서 만든 구멍에 시나몬 슈가, 버터, 건포도를 안에 넣는다.

06 마지막으로 시나몬 슈가를 넣어서 160℃의 오븐에서 30~40분간 굽는다. 도중에 접시에 설탕물이 나오면 사과에 뿌리고 적당히 굳어지면 오븐에서 꺼낸다.

과일 샐러드

재료   * 만들기 쉬운 분량

계절 과일	합계 600~700g
	(껍질과 심, 꼭지 등은 제거한다)
감(후유 감)	100g
사과(왕림)	100g
사과(부사)	100g
딸기	150g
귤	100g
바나나	100g
레몬즙	33g(과일 전체 총 양의 5%)
그래뉴당	33g(레몬즙과 같은 양)
냉수	50~70g
	(과일 전체 총 양의 10~15%)
레몬 제스트	약 1/2개분 + 적당한 양

01 과일은 전부 같은 크기로 자른다(귤의 속껍질
과 사과 껍질은 남겨 둔다). 볼에 전부 넣어
서 그래뉴당, 레몬즙, 레몬 제스트 1/2개분을 넣는다.

02 크게 전체를 섞어서 냉장고에서 1시간 이상
차갑게 해 둔다.

03 먹기 직전에 냉수를 넣어서 전체를 다시 섞어
준다(과즙이 우러나면 그대로 시럽이 되어 목
넘김이 좋아진다). 접시에 담아서 레몬 제스트를 뿌려
서 원하는 대로 민트로 장식한다.

팬케이크

시중에서 판매하는 믹스 가루보다 맛있고, 건강하게,
그리고 가능한 한 간단하게 팬케이크를 만들자고 생각해서 고민 끝에 나온 레시피입니다.
손 거품기로 볼의 옆면을 따라서 전체 30회 정도 빙빙 섞어주는 걸로 끝입니다.
이렇게 하는 것만으로도 실패하지 않고 부드러운 팬케이크를 완성할 수 있습니다.
매우 간단한 방법이면서 팬케이크 위에 손수 만든 잼이나 콩포트를 더해서
과일을 메인으로 해서 드실 수 있습니다.

재료   * 만들기 쉬운 분량

팬케이크 반죽

박력분	100g
베이킹파우더	4g
그래뉴 당	30g
계란 전체	65g
우유	50g
생크림	50g

귤 잼 ···················· 적당한 양 → P.19 참고

머랭이 들어간 생크림

생크림	100g
계란 흰자	30g
그래뉴당	15g

볼에 생크림을 넣어서 얼음물에 담근 채로 7분간 둔다. 다른 볼에는 계란 흰자와 그래뉴당을 넣어서 핸드믹서의 고속으로 3분간 거품을 낸다. 머랭의 끝이 숨이 죽을 정도로 부드러운 머랭을 만든다. 이 두 개를 한데 잘 섞어주고 얼음물에 담가서 냉장고에 식혀서 사용한다.

01 박력분, 베이킹파우더, 그래뉴당을 합쳐 체에 거르면서 볼에 넣는다.

02 다른 볼에는 계란 전체를 풀어 우유와 생크림을 더해서 손 거품기로 잘 섞어준다(거품은 나지 않는다).

03 1에 2을 넣는다. 손 거품기를 세워 들고 볼의 옆면을 따라가면서 1초에 전체를 한 번 젓는 속도로 오른쪽으로 10회 돌린다.

04 손 거품기에 묻어 있는 밀가루를 털어내고 계속해서 왼쪽으로 10회 돌리고 다시 또 오른쪽으로 10회, 약 30회 정도 섞어주면 반죽이 완성된다. 이 이상은 섞지 말 것.

05 프라이팬을 달궈서 버터(분량 외)를 얇게 펴 발라낸다.

06 4의 반죽을 지름 8~10cm 정도로 붓는다.

07 약한 불에서 3분 정도 구워서 표면이 부글부글 거품이 올라오면 반죽을 뒤집는다. 이렇게 하면은 뒤집은 쪽도 반죽이 부풀어 올라서 반죽에 볼륨이 생긴다.

08 다른 한쪽 면도 예쁘게 색이 나올 정도로 구워지면 완성. 그릇에 담아서 원하는 만큼 머랭을 넣은 생크림 또는 손수 만든 잼이나 콩포트를 첨가한다.

초코 무스 케이크

유자 설탕 절임을 넣은
초코 무스 케이크

이 초콜릿 케이크는 밀가루를 더하지 않고 거품을 낸 계란만으로 폭신폭신하면서 부드럽게 굳어집니다.
유자 설탕 절임을 넣어서 유자 특유의 고급스러운 향기가 케이크 전체에 진하게 베이고
입안에서 가볍게 씹히는 맛이 마치 무스와 같은 느낌을 줍니다.
초콜릿과 유자, 다른 성격의 재료의 달콤 씁쓸한 풍미가 입안 가득 살며시 퍼져 나갑니다.
차갑게 해서 드셔도 맛있습니다.

재료 15cm 의 원형 팬 1개분

커버춰 60% 다크 초콜릿	73g
커버춰 밀크 초콜릿	36g
버터	50g
계란 노른자	46g
그래뉴당	40g
계란 흰자	100g
그래뉴당	11g
유자 설탕 절임	30g → P.53 참고

마무리
생크림
유자 설탕 절임
슈가파우더 ·························· 각각 적당한 양

주의점 & 사전준비

- 초콜릿은 1~2cm 각으로, 유자 설탕조림은 5mm 각으로 각각 잘라 둔다.
- 계란 흰자는 냉장고에 10~15분간 넣어서 차갑게 해 둔 다음 사용한다.
- 밑바닥이 있는 원형 팬에 유산지를 펼쳐서 깐다. 옆면에는 길게 자른 것으로 두르고 밑바닥은 원형으로 자른 종이를 펼쳐 깐다.
- 오븐을 예열해서 준비한다(굽는 온도 170℃ + 20~40℃).

POINT!

○ 두 종류의 커버춰 초콜릿을 사용해서 마일드 하면서도 달콤 씁싸름한 느낌을 표현한다.

○ 별도로 반죽을 만들어서 중탕으로 구워낸 초콜릿 무스 케이크이다.

○ 부드러운 식감이 포인트임으로 너무 굽지 않는 것이 중요하다.

01 작은 볼에 두 종류의 초콜릿과 버터를 넣고 중탕으로 해 녹인다. 초콜릿이 다 녹으면 중탕을 멈춘다.

02 다른 볼에 계란 노른자를 풀어서 그래뉴당 40g을 더해 중탕으로 40℃까지 녹인다.

03 40℃가 되면 중탕을 멈추고 핸드믹서의 고속으로 약 2분간 거품을 낸다. 하얗게 찰진 상태가 된다.

04 **1**을 45℃로 해서 실리콘 주걱으로 고르게 섞어주고 난 다음 **3**을 더한다.

05 전체가 부드러워지도록 한데 고르게 잘 섞어 준다. 다 섞었을 때 36℃ 정도가 되는 것이 기준이다.

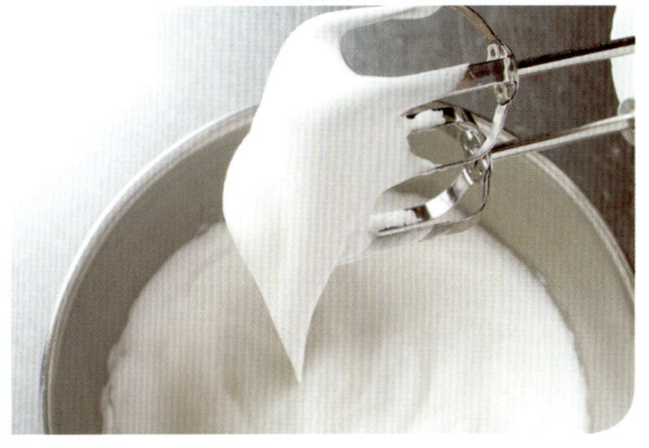

06 또 다른 볼에 계란 흰자와 그래뉴당을 핸드믹서의 고속으로 천천히 약 2분간 거품을 내 준다. 머랭 끝이 숨이 죽을 정도로 부드럽게 거품을 낸다.

07 **5**의 초콜릿 반죽에 머랭을 반 정도 더한다. 실리콘 주걱의 면이 위에 오도록 들어서 크게 35회 정도 섞어준다.

08 남은 머랭을 가볍게 저어서 자른 유자 설탕절임과 함께 **7**에 넣어서 30~35회 섞어준다.

09 사진과 같이 윤기가 있는 부드러운 상태로 만들 것.

10 팬에 반죽을 붓고 넓은 팬에 원형 팬을 올리는데 넓은 팬에는 뜨거운 물을 1.5cm의 깊이로 붓는다. 170℃의 오븐에서 20~25분간 굽는다.

11 중심부에 꼬챙이를 찔렀을 때에는 반죽이 꼬챙이에 붙지만 테두리에서 1.5cm 떨어진 곳에 찔렀을 때 반죽이 붙지 않는 것이 가장 잘 구워진 것.

12 전체적으로 반죽은 부풀어 오르지만 살며시 중심부를 누르면 살짝 움푹 들어간다. 남은 열이 다 식으면 냉장고에서 더 차갑게 한 후 원형 팬에서 빼낸다.

귤과 금귤의
요거트 드링크

재료 　　　　　　　　　　　* 만들기 쉬운 분량

플레인 요거트 ………… 150g
귤(원하는 종류) ………… 170g(겉껍질은 벗긴다)
금귤 ………………… 40g(꼭지와 씨는 제거한다)
그래뉴당 ……………… 20g

01 귤은 겉껍질을 벗기고 속껍질이 딱딱한 귤종
류는 속껍질도 벗겨 낸다.

02 모든 재료를 믹서에 넣어서 부드럽게 될 때
까지 돌린다.

INDEX